浙江省普通高校"十三五"新形态教材

高职高专计算机类专业系列教材——移动应用开发系列

网站前端开发

朱雯曦　编著

电子工业出版社

Publishing House of Electronics Industry

北京·BEIJING

内 容 简 介

本教材在体例上做出了大胆尝试,抛弃了传统的按部就班逐个介绍对象、属性、方法的教科书式的案例模式,转而采用了基础知识+案例驱动的双轨模式。本教材共分为 HTML 基础知识(包含最新的 HTML5 前沿经典应用)、CSS 基础知识(包含最新的 CSS3 应用)、JavaScript 基础知识和综合案例四大部分,高度浓缩了基础知识部分,精心安排了大量前沿和综合类实例,以基础知识铺路,以前沿案例驱动,以综合案例提升,借此引领学生迈入网站前端开发的大门。本教材既培养学生掌握扎实的 Web 基础知识,也培养学生形成良好的 Web 设计素养。

本教材既可作为高等职业院校计算机各专业的"Web 开发"课程的教材,也可供中职及成人教育相关专业使用或参考。

图书在版编目(CIP)数据

网站前端开发 / 朱雯曦编著. —北京:电子工业出版社,2020.9

ISBN 978-7-121-38573-5

Ⅰ. ①网… Ⅱ. ①朱… Ⅲ. ①网页制作工具—程序设计—高等学校—教材 Ⅳ. ①TP393.092.2

中国版本图书馆 CIP 数据核字(2020)第 031698 号

责任编辑:贺志洪

印　　刷:涿州市般润文化传播有限公司

装　　订:涿州市般润文化传播有限公司

出版发行:电子工业出版社

　　　　　北京市海淀区万寿路 173 信箱　邮编　100036

开　　本:787×1 092　1/16　印张:14.25　字数:364.8 千字

版　　次:2020 年 9 月第 1 版

印　　次:2025 年 7 月第 6 次印刷

定　　价:56.00 元

凡所购买电子工业出版社图书有缺损问题,请向购买书店调换。若书店售缺,请与本社发行部联系,联系及邮购电话:(010) 88254888,88258888。

质量投诉请发邮件至 zlts@phei.com.cn,盗版侵权举报请发邮件至 dbqq@phei.com.cn。

本书咨询联系方式:(010) 88254609,hzh@phei.com.cn。

前　言

随着互联网行业的发展，在大中型互联网公司，网站开发岗位中前端开发工程师具有较大规模的招聘需求。本书从高等职业教育的特点出发，以工作过程系统化为原则强调网页布局、样式设置和前端交互等基本能力的培养。

本教材在体例上做出了大胆尝试，抛弃了传统的按部就班逐个介绍对象、属性、方法的教科书式的案例模式，转而采用了基础知识+案例驱动的双轨模式。本教材共分为 HTML 基础知识（包含最新的 HTML5 前沿经典应用）、CSS 基础知识（包含最新的 CSS3 应用）、JavaScript 基础知识和综合案例四大部分，高度浓缩了基础知识部分，精心安排了大量前沿和综合类实例，以基础知识铺路，以前沿案例驱动，以综合案例提升，借此引领学生迈入网站前端开发的大门。本教材既培养学生掌握扎实的 Web 基础知识，也培养学生形成良好的 Web 设计素养。

本教材既可作为高等职业院校计算机各专业的"Web 开发"课程的教材，也可供中职及成人教育相关专业使用或参考。

本教材内容与特点：

（1）本教材采用"基础知识+案例驱动"的双轨模式进行编写。本教材先以基础知识的铺垫为辅，穿插小的案例用以巩固知识点，再以实战案例的介绍为主，每个例子都来自企业的具体应用，具有较强的实用价值。

（2）本教材提炼了各个案例所对应的学习内容，以"总结"的形式标注在各个章节中，以便于让学生更快地掌握核心知识点。此外，在"案例拓展"中也囊括了已讲解的知识和一些关于网站前端开发的外延知识，用于扩展学生的视野。

（3）针对在实际操作中可能遇到的各种问题，本教材总结了相应的注意事项和应对策略，并在各个章节中进行了详细标注（如标注为"注意"的内容部分），以使得学生能够在学习中尽量少走弯路，避免不必要的错误。

（4）本教材中的所有基础知识和具体案例都按由易到难、由浅入深、由零到整的规则进行排布，适用于职业院校开展网页基础方面的课程。

由于编者水平有限，编写时间仓促，书中难免有疏漏和不妥之处，殷切希望广大读者批评指正，以便后期修订再版，并致以诚挚的谢意！

编者
2020 年 8 月

目　录

第 1 章　网站前端开发要掌握的技术

1.1　制作我的第一个网页

试一试，制作我的第一个页面，代码如下：

```html
<!DOCTYPE HTML>
<html>
    <head>
            <title>这是我的一个网页</title>
            <link rel="stylesheet" type="text/css" href="css/style.css">
            <meta charset="utf-8">
</head>
    <body>
            <h1>hello world</h1>
            </body>
</html>
```

学习 Web 前端开发技术需要掌握：HTML、CSS、JavaScript 语言。下面我们就来了解一下这三门语言都是用来实现什么的：

（1）HTML 是网页内容的载体。内容就是网页制作者放在页面上想要让用户浏览的信息，可以包含文字、图片、视频等。通俗地说，HTML 是用来制作网页的。

（2）CSS 是用来美化网页的。比如，用来设定字体的颜色、大小、字号，是否要加入边框、阴影等。

（3）JavaScript 是用来实现网页上的特效效果的。如：光标滑过弹出下拉菜单，或光标滑过表格的背景颜色发生改变。还有购物页面中的海报轮播图，有的是动画，有的具有交互功能，一般都是用 JavaScript 来实现的。

· 总结 ·

我们在设计网页的时候，可以新建 css、images 和新文件夹，并在根目录下新建记事本，改名为 index.html。新建文件后，新建的文件可能没有后缀，此时，可以打开"文件夹选项"对话框，选择"查看"选择卡，将"隐藏已知文件类型的扩展名"前面的钩去掉，即可，如图 1-1 所示。

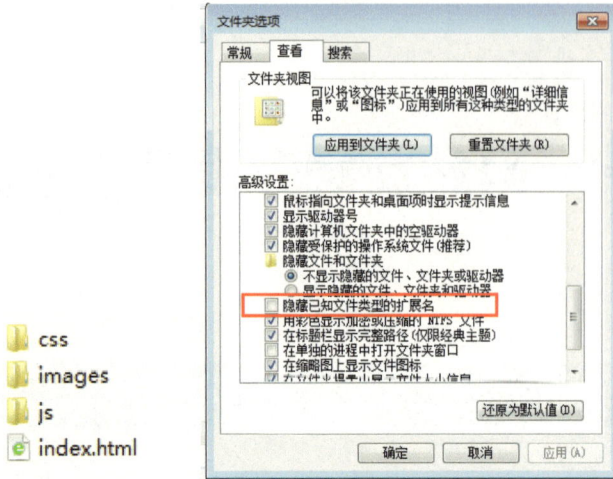

图 1-1　取消隐藏已知文件类型的扩展名

1.2　认识 HTML 标签

1. 网页标签的组成

让我们通过一个网页的学习，来对 HTML 标签有一个初步的了解。平常大家说的上网就是浏览各式各样的网页，这些网页都是由 HTML 标签组成的。图 1-2 所示的就是一个简单的网页。

扫一扫，获取源代码

图 1-2　一个简单的网页

我们来分析一下，这个网页是由哪些 HTML 标签组成的：

"iPhone 11Pro"是网页内容文章的标题，<h1></h1>就是标题标签，它在网页上的代码写成<h1>iPhone 11Pro</h1>。

"摄像头、显示屏、性能、样样 Pro 如其名。" 是网页中的 h2 标签，它在网页上的代码写成"<h2>摄像头、显示屏、性能、样样 Pro 如其名。</h2>"。

"<p><a>进一步了解</a><span><a>购买</a></span></p>。"是网页上的段落。

<p></p>是段落标签。它在网页上的代码写成"<p><a>进一步了解</a><span><a>购买</a></span></p>"。

在"< a href="index.htm">显示超链接的文字</a>"代码中，href 后面的文件名就是超链接的目标文件，就是说当单击这个超链接后，将后跳转到 index.htm 这个文件。

中间这张图片，则由 img 标签来完成的，代码为<img src="images/iphone11. png">。

感受网页的魅力效果图的 HTML 部分的完整代码如下：

```
<!DOCTYPE html>
<html>
<head>
    <title>感受网页的魅力</title>
    <link rel="stylesheet" type="text/css" href="css/style.css">
</head>
<body>
    <section class="banner">
        <h1>iPhone 11Pro</h1>
        <h2>摄像头、显示屏、性能、样样 Pro 如其名。</h2>
        <h3>折抵换购，仅 RMB258/月或 RMB6199 起。</h3>
        <p><a>进一步了解</a><span><a>购买</a></span></p>
        < img src="images/iphone11.png">
    </section>
</body>
</html>
```

· 总结 ·

可以这么说，网页中每一个内容在浏览器中的显示，都要存放到各种标签中。

2. 标签的语法

（1）标签由英文尖括号<和>括起来，如<html>就是一个标签。

（2）HTML 中的标签一般都是成对出现的，分开始标签和结束标签。结束标签比开始标签多了一个 / ，如图 1-3 所示。例如，<p></p>、<div></div>、<span></span>。

结束标签

<h1>iPhone 11Pro</h1>

开始标签

图 1-3　成对标签

（3）标签与标签之间是可以嵌套的，但先后顺序必须保持一致，如：<div>里嵌套<p>，那么</p>必须放在</div>的前面，如图 1-4 和图 1-5 所示。这里要注意的是，标签一定要成对出现。

<p>昔人已乘黄鹤去，此地空余<samp> 黄鹤楼</samp>。 </p>
<p>黄鹤一去不复返，白云千载<strong>空悠悠</strong>。 </p>

图 1-4　标签成对打

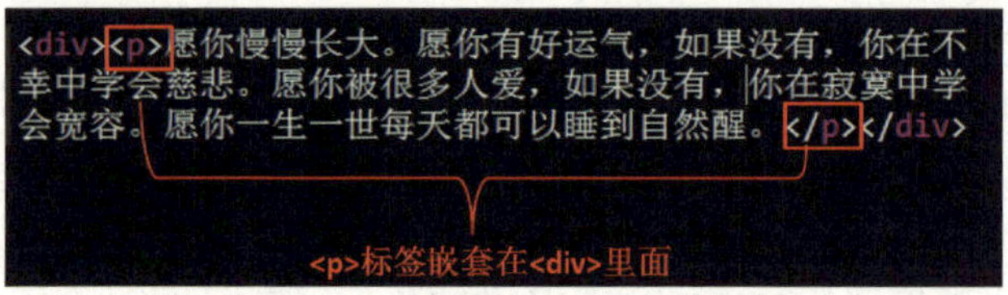

图 1-5　<p>标签嵌套在<div>里面

（4）HTML 标签不区分大小写，<h1>和<H1>是一样的，但建议小写，因为大部分程序员都以小写为准。

1.3　认识 HTML 文件基本结构

一个 HTML 文件是有自己固定的结构的，结构如下：

```
<html>
    <head>…</head>
    <body>…</body>
</html>
```

代码讲解：

（1）<html></html>称为根标签，所有的网页标签都在<html></html>中。

（2）<head>标签用于定义文档的头部，它是所有头部元素的容器。头部元素有<title>、<script>、<style>、<link>、<meta>等标签，头部标签在 1.4 小节中会有详细介绍。

（3）在<body>和</body>标签之间的内容是网页的主要内容，如<h1>、<p>、<a>、<img>等网页内容标签，这些标签中的内容会在浏览器中显示出来。

试一试：大家在 sublime 中输入"<h"，如图 1-6 所示，按回车键，会出现完整的 HTML 语句结构。

图 1-6　完整的 HTML 语句结构

1.4　认识<head>标签

我们来了解一下<head>标签的作用。文档的头部描述了文档的各种属性和信息，包括文档的标题等。绝大多数文档头部所包含的数据都不会真正作为内容显示给读者。

下面这些标签都可用在文档头部，关键代码如下：

```
<head>
    <title>…</title>
    <meta>
    <link>
    <style>…</style>
    <script>…</script>
</head>
```

<title>标签：在<title>和</title>标签之间的文字内容是网页的标题信息，它会出现在浏览器的标题栏中。网页的<title>标签用于告诉用户和搜索引擎这个网页的主要内容是什么，搜索引擎可以通过网页标题，迅速地判断出网页的主题。每个网页的内容都是不同的，每个网页都应该有一个独一无二的<title>标签。

关键代码如下：

```
<head>
    <title>Tencent 腾讯</title>
    <link rel="icon" href="images/logo.ico">
</head>
```

<title>标签的内容"Tencent 腾讯"会在浏览器的标题栏上显示出来，如图 1-7 所示。

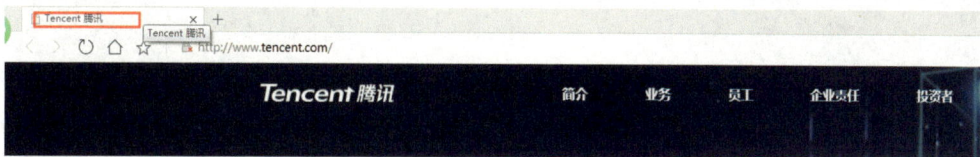

图 1-7　Tencent 腾讯首页

<meta> 标签：元素可提供有关页面的元信息（meta-information），比如针对搜索引擎和更新频度的描述与关键词。

<meta> 标签位于文档的头部，而且只能在头部，不包含任何内容。<meta> 标签属于单标签。我们常用<meta charset="utf-8">来规定 HTML 文档的编码格式，告诉浏览器用什么方式来翻译这页代码。

<link>标签：它用来定义文档与外部资源的关系。标签格式如下：

```
<link rel="stylesheet" type="text/css" href="css/style.css">
```

<style>标签：用在 HTML 文档中定义样式信息。

<script>标签：用于定义客户端脚本，如 JavaScript。

1.5　了解 HTML 的代码注释

什么是代码注释？代码注释的作用是帮助程序员标注代码的用途。代码注释不仅方便程序员自己回忆起以前代码的用途，还可以帮助其他程序员很快地读懂程序的功能，方便多人合作开发网页代码。按 Ctrl+/键，便可为代码添加注释。

标签格式如下：

```
<!--注释文字 -->
```

1.6　案例拓展

案例拓展

请实现如图 1-8 所示的效果。

扫一扫，获取素材包

图 1-8　感受网页的魅力效果图

第 2 章　认识 HTML 标签

2.1　语义化，让你的网页更好地被搜索引擎理解

在这一章中我们开始介绍网页中常用的标签。在学习 HTML 标签过程中，主要注意两个方面的学习：标签的用途、标签在浏览器中的默认样式。

这里介绍下标签的用途。我们学习网页制作时，常常会听到一个词：语义化。那么什么叫作语义化呢？说得通俗点就是，明白每个标签的用途（在什么情况下使用此标签合理）。比如，网页上文章的标题就可以用标题标签，网页上各个栏目的名称也可以使用标题标签。文章中内容的段落就得放在段落标签中，在文章中有想要强调的文本，就可以使用<em>标签表示强调等。

了解了语义化后，那么语义化可以给我们带来什么样的好处呢？

（1）更容易被搜索引擎收录。

（2）更容易让屏幕阅读器读出网页内容。

在后面的章节中会带领大家学习 HTML 中每个标签的语义（用途）。

2.2　<h1> ~ <h6>标签

<h1>～<h6>标签可用于定义标题。我们称它为题头标签，它必须成对出现，"h"是"header"一词的缩写。<h1>用于定义最大的标题。<h6>用于定义最小的标题。h1、h2、h3、h4、h5、h6 分别为一级标题、二级标题、三级标题、四级标题、五级标题、六级标题，并且它们的重要性递减。标签格式如下：

新品上市	h1
新品上市	h2
新品上市	h3
新品上市	h4
新品上市	h5
新品上市	h6

图 2-1　<h1>～<h6>标签

```
<h1>我是标题 1</h1>
```

试一试：完成如图 2-1 所示效果。

关键代码如下：

```
<h1>新品上市</h1>
```

```
<h2>新品上市</h2>
<h3>新品上市</h3>
<h4>新品上市</h4>
<h5>新品上市</h5>
<h6>新品上市</h6>
```

知识拓展：其实\<h1>～\<h6>标签本身自带字体和样式，具体用法参考如下（1em = 16px）：

```
h1{ font-size: 2em; margin: .67em 0 }
h2{ font-size: 1.5em; margin: .75em 0 }
h3 { font-size: 1.17em; margin: .83em 0 }
h5 { font-size: .83em; margin: 1.5em 0 }
h6 { font-size: .75em; margin: 1.67em 0 }
h1, h2, h3, h4,h5, h6, b,
strong{ font-weight: bolder }
```

参考网站：https://www.w3.org/TR/CSS21/sample.html。

2.3 \<p>和\
标签

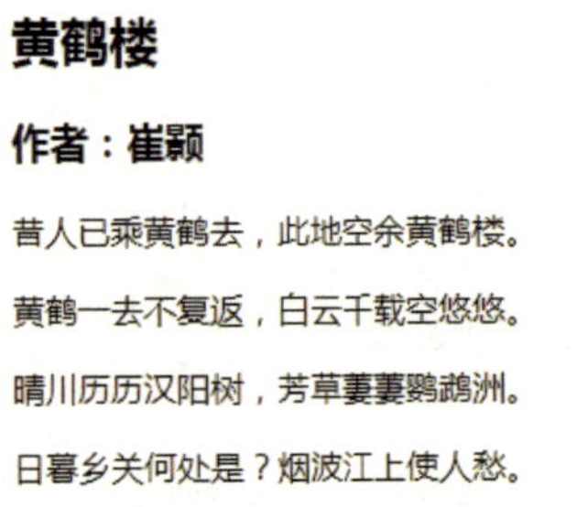

黄鹤楼

作者：崔颢

昔人已乘黄鹤去，此地空余黄鹤楼。

黄鹤一去不复返，白云千载空悠悠。

晴川历历汉阳树，芳草萋萋鹦鹉洲。

日暮乡关何处是？烟波江上使人愁。

图 2-2 \<p>标签使用效果图

\<p>标签是一个段落标签，会自行发起一个段落，并且可以作为一个盒子来使用。标签格式如下：

```
<p>我是段落</p>
```

试一试：完成如图 2-2 所示效果。

在 sublime 中输入以下代码（注意一段文字要用一个\<p>标签，如该首古诗，就要把这 4 个句子分别放到 4 个\<p>标签中）：

```
<h1>黄鹤楼</h1>
<h3>作者：崔颢</h3>
<p>昔人已乘黄鹤去，此地空余黄鹤楼。</p>
<p>黄鹤一去不复返，白云千载空悠悠。</p>
<p>晴川历历汉阳树，芳草萋萋鹦鹉洲。</p>
<p>日暮乡关何处是？烟波江上使人愁。</p>
```

可以从图 2-2 中看出来，段前段后都会有空白，如果不喜欢这个空白，可以用 CSS 样式来删除或改变它。

\
 是一个换行标签，是单标签，标签格式如下：

```
我要换行<br>
```

试一试：完成如图 2-3 所示效果。

关键代码如下：

> 昔人已乘黄鹤去，此地空余黄鹤楼。\
> 黄鹤一去不复返，白云千载空悠悠。\
> 晴川历历汉阳树，芳草萋萋鹦鹉洲。\
> 日暮乡关何处是？烟波江上使人愁。\

> 昔人已乘黄鹤去，此地空余黄鹤楼。
> 黄鹤一去不复返，白云千载空悠悠。
> 晴川历历汉阳树，芳草萋萋鹦鹉洲。
> 日暮乡关何处是？烟波江上使人愁。

图 2-3　\
标签使用效果图

· 总结 ·

\<p>标签与\
标签的行距不一样。\
标签只是起到单独的换行作用，并且不会出现句子与句子之间有行距的情况，\<p>标签必须成对出现，而\
标签是单标签。

2.4　\<img>标签

使用\<img>标签，可以在网页中插入图片。从技术上讲，图像并不会插入 HTML 页面中，而是链接到 HTML 页面上。\<img> 标签的作用是为被引用的图像创建占位符。标签格式如下：

> \< img src="images/iphone.png"　alt="手机">

注意：

（1）src 为路径 URL，它有两种形式，即绝对 URL 和相对 URL。绝对 URL，指向另一个站点（如 href="http://www.example. com/ iphone.png "）。相对 URL，指向网站内的文件（如 href=" iphone.png "）。

（2）如要返回上层目录，可以使用 "../"。

（3）\< img>标签默认底部对齐。

试一试：实现如图 2-4 所示效果。

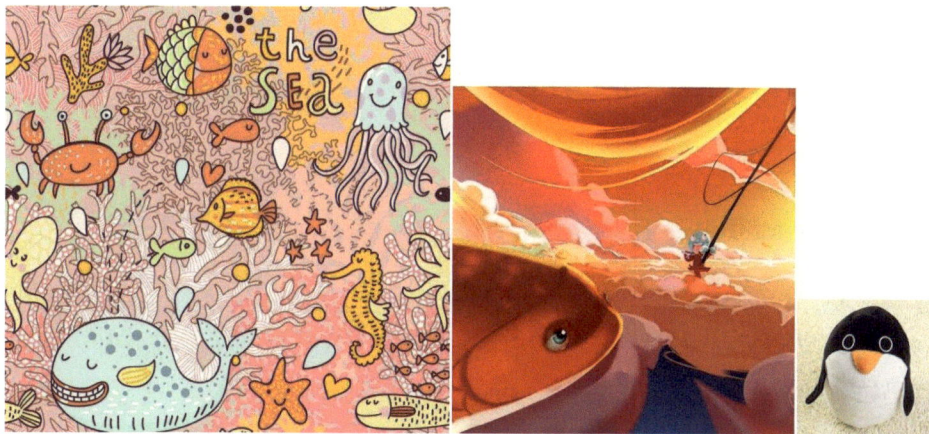

图 2-4　img 标签显示效果

关键代码如下：

```
<body>
        <img src="images/pic1.jpg">
        <img src="images/pic2.jpg">
        <img src="images/pic3.jpg">
</body>
```

试一试：如何使得这三张图片互相居中呢？可利用 CSS 样式来实现，关键代码如下：

```
img{
        vertical-align: middle;
}
```

·总结·

引入图片的两种方式：<img>标签和 background。

1. <img>**标签**

此方法是在 HTML 里面插入图片。注意，在定义图片大小时，在 CSS 中，一般只定义宽或者高，这样可以保证我们的图片等比例缩放。

2. background

此方法是在 CSS 中引入图片。我们需要先在 HTML 中找一个"盒子"来装图片（大部分时候使用 div）。

2.5 <a>标签

使用<a>标签可实现超链接，用于从一张页面链接到另一张页面。该元素最重要的属性是 href 属性，它用于指示链接的目标。它在网页制作中可以说是无处不在的，只要有链接的地方，就会有这个标签。标签格式如下：

```
<a  href ="目标网址"  title="鼠标滑过显示的文本">链接显示的文本</a>
```

例如：

```
<a href ="http://www.baidu.com"  title="单击进入百度">click here!</a>
```

只要为文本加入<a>标签后，文本的颜色就会自动变为蓝色（被单击过的文本颜色为紫色）。此时，如果要设置<a>标签的字体为白色，需要在 CSS 中，为<a>标签加入字体颜色样式，代码如下：

```
a{
        color: #fff;
```

```
        }
```

注意：被链接页面通常显示在当前浏览器窗口中，如果想要在新窗口中打开，需要使用 target= "blank"。

试一试：去除<a>标签所自带的下画线。

CSS 中的关键代码如下：

```
a{
        text-decoration: none;
}
```

2.6 <span>标签

<span> 标签用于对文档中的行内元素进行组合。<span> 标签没有固定的格式表现。当对它应用样式时，它才会产生视觉上的变化。如果不对 <span> 应用样式，那么 <span> 元素中的文本与其他文本不会有任何视觉上的差异。<span> 标签提供了一种将文本的一部分或者文档的一部分独立出来的方式。标签格式如下：

```
<span>我是辅助标签</span>
```

2.7 <strong>和<em>标签

网页中有了段落又有了标题，现在如果想在一段话中特别强调某几个文字，这时候就可以用<em>或<strong>标签来实现。

但两者在强调的语气上有所区别：<em>标签表示强调，<strong>标签表示更强烈的强调，并且在浏览器中<em>标签默认用斜体表示，<strong>标签用粗体表示。标签格式分别如下：

```
<strong>加粗文本</strong>
<em>斜体文本</em>
```

2.8 <ul>和<li>标签

<ul> 标签用于定义无序列表，一般与<li>标签一起使用。<ul>…<li>在网页中显示的默认样式一般为：每项<li>前都自带一个圆点，标签格式如下：

```
<ul>
  <li>信息</li>
```

```
    <li>信息</li>
    ......
    </ul>
```

试一试：实现如图 2-5 所示的效果。

关键代码如下：

```
    <ul>
    <li>我爱 html</li>
    <li>我爱 css</li>
    <li>我爱 js</li>
    </ul>
```

- 我爱html
- 我爱css
- 我爱js

图 2-5   <ul>标签显示效果

可以发现，<ul>…<li>有以下特点：

（1）<ul>标签定义的是一个列表，它是一个块状元素。

（2）<li>标签定义的也是块状元素，可以利用 CSS 样式中的"list-style: none"来删去样式小圆点。

2.9   <ol>和<li>标签

<ol>标签用于定义有序 HTML 列表。<ol>一般与<li>标签一起使用。在网页中显示的默认样式一般为：每项<li>前都自带一个序号，序号默认从 1 开始，标签格式如下：

```
    <ol>
        <li>信息</li>
        <li>信息</li>
        ......
    </ol>
```

试一试：实现如图 2-6 所示的效果。

关键代码如下：

```
    <ol>
        <li>零基础学习 html</li>
        <li>零基础学习 css</li>
        <li>零基础学习 js</li>
    </ol>
```

1. 零基础学习html
2. 零基础学习css
3. 零基础学习js

图 2-6   <ol>标签显示效果

2.10   <dl>标签

<dl> 标签用于定义定义列表（Definition List）。

<dl> 标签一般结合<dt>标签（定义列表中的项目）和 <dd>标签（描述列表中的项目）使用，标签格式如下：

```
<dl>
        <dt>计算机</dt>
        <dd>用来计算的仪器 … …</dd>
        <dt>显示器</dt>
        <dd>以视觉方式显示信息的装置 … …</dd>
</dl>
```

具体说明：

● ＜dl＞＜/dl＞用来创建一个普通的列表。

● ＜dt＞＜/dt＞用来创建列表中的上层项目。

● ＜dd＞＜/dd＞用来创建列表中最下层项目。

● ＜dt＞＜/dt＞和＜dd＞＜/dd＞都必须放在＜dl＞＜/dl＞标签对之间。

注意：＜dl＞标签定义的是块状元素，＜dl＞和＜dt＞标签定义的也是块状元素。

试一试：完成如图 2-7 所示的效果。

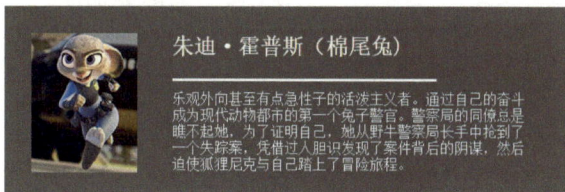

图 2-7　＜dl＞标签使用效果图

扫一扫，获取源代码

以上效果，就可以用＜dl＞标签来完成，关键代码如下：

```
<dl>
        <dt><img src="images/tuzi.jpg">
        <dd class="title">朱迪·霍普斯（棉尾兔)</dd>
        <dd class="intro">乐观外向甚至有点急性子的活泼主义者。通过自己的奋斗成为……</dd>
</dl>
```

案例拓展

请实现如图 2-8 所示的效果哦。

疯狂动物城素材包

疯狂动物城 HTML 部分视频

疯狂动物城 CSS 部分视频

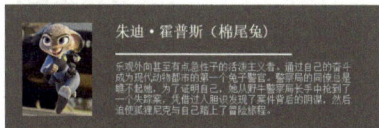

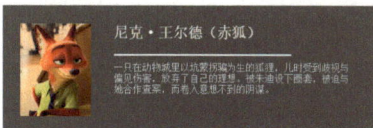

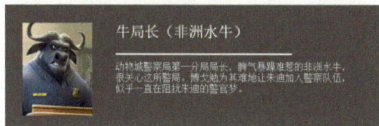

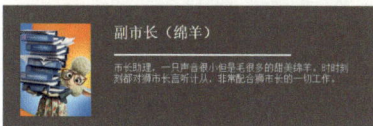

图 2-8　疯狂动物城角色介绍效果图

2.11 <div>标签

在网页制作过程中，可以把一些独立的逻辑部分划分出来，放在一个<div>标签中。<div>标签的作用就相当于一个容器，标签格式如下：

```
<div>我是容器</div>
```

什么是逻辑部分？它是页面上相互关联的一组元素。如网页中独立的栏目板块，就是一个典型的逻辑部分，就可以使用<div>标签作为容器。

那为什么要使用 div 来作为容器呢？如图 2-9 所示，两幅图进行比较，如果设计师把两幅图都给你，哪幅图让你能更快地理解呢？是不是右边的那幅图呢？

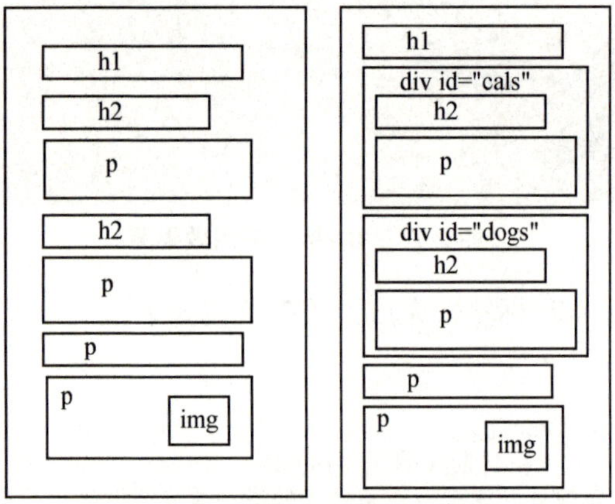

图 2-9 <div>标签案例结构对比图

试一试：疯狂动物城的效果图是否可以用<div>来完成？

2.12 <input>标签

<input> 标签用于搜集用户信息。根据不同的 type 属性值，输入的字段有很多种形式，如文本字段、复选框、密码字段、单选按钮、按钮等。标签格式如下：

```
<input type="text"   placeholder="请输入手机号">
```

<input>标签属性类型如表 2-1 所示。

表 2-1　<input>标签属性类型

标　签	属　性	含　义
placeholder	text	用于帮助用户填写输入字段的提示
type	button checkbox file hidden image password radio reset submit text	规定 input 元素的类型
name	field_name	定义 input 元素的名称

2.13　<input>和<datalist>标签

　　<datalist>标签用于定义选项列表，要与<input>元素配合使用来定义< input >可能的值。
　　<datalist> 及其选项不会被显示，它仅仅是合法的输入值列表。<input>标签和<detalist>标签一起使用，标签格式如下：

```
<input id="myA" list="ABC" />
<datalist id="ABC">
  <option value="A">
  <option value="B">
  <option value="C">
</datalist>
```

试一试：实现如图 2-10 所示的效果图。请使用<input>元素的<list> 属性来绑定<datalist>。

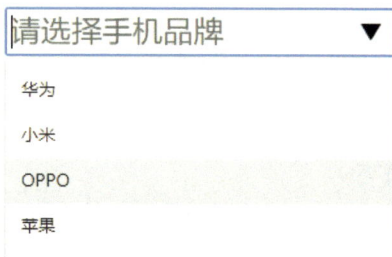

图 2-10　<input>配合<datalist>使用效果图

关键代码如下：

```
<input list="phoneList"/>
<datalist id="phoneList">
    <option value="华为">
    <option value="小米">
    <option value="OPPO">
    <option value="苹果">
</detalist>
```

2.14 <input>和<label>标签

<label> 标签为< input >标签定义标注（标记）。

<label> 标签不会向用户呈现任何特殊效果。不过，它为鼠标用户改进了可用性。如果在 <label> 标签内单击文本，就会触发此控件。就是说，当用户选择该标签时，浏览器就会自动将焦点转到和标签相关的表单控件上。

<label> 标签的 for 属性应当与相关元素的 id 属性相同。标签格式如下：

```
<input id="名称"/>
<label for="控件 id 名称">
```

试一试：实现的效果如图 2-11 所示，可以单选"男"
或者"女"。

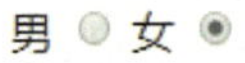

男 ○ 女 ●

图 2-11 <label>标签效果图

关键代码如下：

```
<label for="male">男</label>
<input type="radio" id="male" name="sex">
<label for="female">女</label>
<input type="radio" id="female" name="sex">
```

注意：
- 每个<input>标签的 name 属性值都一样，是为了保证可以实现单选。
- <input>标签与<label>标签产生关联主要依靠<input>标签的 id 和<label>标签的 for 属性值相同。

2.15 其他标签汇总

其他标签汇总如表 2-2 所示。

表 2-2 其他标签汇总

标 签	标签含义
<q>短文本引用</q>	短文本引用（会自动加入双引号）
<blockquote>引用文本</blockquote>	长文本引用
<hr>	水平线
	空格
<address>联系地址信息</address>	在网页中加入地址信息
<code>代码语言</code>	用于表示计算机源代码或者其他机器可以阅读的文本内容
<pre>	插入多行代码

2.16　HTML5 新标签

　　HTML5 是 HTML 的最新版本，由 W3C 在 2014 年完成标准制定。该版本增强了浏览器本机功能，减少了浏览器插件（如 Flash）应用程序，提高了用户体验满意度，使开发更加方便。HTML 从 1.0 到 5.0 经历了巨大的变化，从单一的文本显示功能到图文并茂的多媒体显示功能，许多特性经过多年的完善，已经发展成为一种非常重要的标记语言。HTML5 新增了一些结构性标记、多媒体标记和表单标记。表 2-3 所示的是 HTML5 新标签。

表 2-3　HTML5 新标签

结构标签（块状元素）—有意义的 div		
1	\<atricle\>	用于定义一篇文章，多用来定义外部的内容。外部内容可以是来自一个外部的新闻提供者的一篇新的文章，或者来自 blog 的文本，或者来自论坛的文本，亦或来自其他外部源内容
2	\<aside\>	用于定义页面内容的侧边栏
3	\<header\>	用于定义一个页面或者一个区域的头部
4	\<nav\>	用于定义导航链接
5	\<section\>	用于定义一个区域
6	\<hground\>	用于定义文件中一个区块的相关信息
7	\<figure\>	用于定义一组媒体内容及它们的标题
8	\<figcaption\>	用于定义 figure 元素的标题
9	\<footer\>	用于定义一个页面或者一个区域的底部
10	\<dialog\>	用于定义一个对话框（会话框），类似微信
多媒体标签		
三类多媒体标签		
1	\<video\>	用于定义一个视频
2	\<audio\>	用于定义音频内容
3	\<source\>	用于定义媒体资源
4	\<canvas\>	用于定义图片
5	\<embed\>	用于定义外部的可交互的内容或插件，如 Flash
标签定义：多媒体标签的出现意味着富媒体的发展及支持不使用插件的情况下即可操作媒体文件，极大地提升了用户体验		
Web 应用标签		
状态标签		
1	\<meter\>	状态标签（实时状态显示：气压、气温）C、O
2	\<progress\>	状态标签（任务过程：安装、加载）C、F、O
列表标签		
1	\<datalist\>	为\<input\>标签定义一个下拉列表，配合 option F、O
2	\<details\>	用于定义一个元素的详细内容，配合 summary C
Menu		
1	\<menu\>	命令列表（目前所有主流浏览器都不支持）
2	\<menuitem\>	\<menu\>命令列表标签（只有 FireFox8.0+支持）
3	\<command\>	menu 标签定义一个命令按钮（只有 IE9 支持）
注释标签		
1	\<ruby\>	用于定义注释或音标
2	\<rp\>	告诉那些不支持 ruby 元素的浏览器如何显示
3	\<rt\>	用于定义对 ruby 的注释内容文本

第 3 章　认识 CSS 样式

CSS 全称为"层叠样式表（Cascading Style Sheets）"，它主要用于定义 HTML 内容在浏览器中的显示样式，就给网页穿上外衣。CSS 样式有文字大小、颜色、字体加粗等。

关键代码如下：

```
p{
    font-size:20px;
    color:red;
    font-weight:bold;
}
```

使用 CSS 样式的一个好处是通过定义某个样式，可以让不同网页位置的文字有着统一的字体、字号或者颜色等。

3.1　CSS 样式的语法格式

为什么使用 CSS 样式来设置网页的外观样式呢？例如，我们想要把标题颜色设置为红色，字体大小设置为 20px。在 CSS 样式中，关键代码如下：

```
h1{
    color: red; /*字体颜色*/
font-size:20px; /*字体大小*/
}
```

可以发现，上述代码使得浏览器中的标题颜色变成红色了。

CSS 样式由选择符和声明组成，而声明又由属性和值组成，CSS 代码语法如图 3-1 所示。

选择符：又称选择器，用于指明网页中要应用样式规则的元素，如本例网页中所有的段（h1）的文字将变成红色，而其他的元素不会受到影响。

声明：在英文大括号"{ }"中的就是声明，属性和值之间用英文冒号"："分隔。当有多条声明时，中间可以英文分号"；"分隔，关键代码如下：

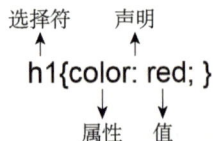

选择符　　声明

h1{color: red; }

属性　值

图 3-1　CSS 代码语法

```
p{font-size:20px;color:red;}
```

注意：

（1）最后一条声明可以没有分号，但是为了以后修改方便，一般也加上分号。

（2）为了使用样式更加容易阅读，可以将每条代码写在一个新行内，关键代码如下：

```
p{
    font-size:20px;
    color:red;
}
```

3.2　CSS 注释代码

在 CSS 中也有注释语句，用/*注释语句*/来标明（HTML 中使用<!--注释语句-->），关键代码如下：

```
h1{
color: red; /*字体颜色*/
}
```

3.3　CSS 的三种样式

从 CSS 样式代码插入的形式来看基本可以分为以下 3 种：内联式、嵌入式和外部式三种。

3.3.1　内联式 CSS 样式

内联式 CSS 样式就是把 CSS 代码直接写在现有的 HTML 标签中，关键代码如下：

```
<h1 style="color:red">这里的文字是红色的。</ h1>
```

注意： 要写在元素的开始标签里，下面这种写法是错误的：

```
<h1>这里的文字是红色的。</ h1 style="color:red">
```

CSS 样式代码要写在 style=""双引号中，如果有多条 CSS 样式代码则可以写在一起，中间用分号隔开，关键代码如下：

```
< h1 style="color:red;font-size:20px">这里的文字是红色的。</ h1>
```

3.3.2　嵌入式 CSS 样式

现在有一任务，需要把网页中所有的<h1>标签的字体大小修改为 18 号。如果用内联式 CSS 样式的方法进行设置将是一件很麻烦的事情（为每一个<h1>标签加入 style="font-size:18px" 代码），本小节讲解一种新的方法——嵌入式 CSS 样式来实现这个任务。

嵌入式 CSS 样式，就是把 CSS 样式代码写在<style type="text/css"></style>标签之间。如下面代码可以实现把<h1>标签中的文字颜色设置为红色：

```
<style type="text/css">
h1{
color:red;
}
</style>
```

嵌入式 CSS 样式代码必须写在<h1></h1>之间，并且一般情况下嵌入式 CSS 样式代码写在<head></head>之间。

3.3.3　外部式 CSS 样式

外部式 CSS 样式（也可称为外联式）就是把 CSS 样式代码写一个单独的外部文件中，这个 CSS 样式文件以.css 为扩展名，在<head>内，使用<link>标签将 CSS 样式文件链接到 HTML 文件内，关键代码如下：

```
<link href="base.css" rel="stylesheet" type="css/style.css" />
```

注意：外部式 CSS 样式代码，应写在单独的一个文件中。

·总结·

（1）CSS 样式文件名称以有意义的英文字母命名，如 main.css。
（2）rel=" stylesheet " type="text/css " 是固定写法不可修改。
（3）<link>标签位置一般在<head>标签之内。

3.3.4　三种方法的优先级

对于同一个元素我们可以同时用三种方法来设置 CSS 样式，那么哪种方法真正有效呢？大家可以试一试。

（1）首先使用内联式 CSS 将标题颜色设置为粉色。
（2）然后使用嵌入式 CSS 将标题颜色设置为红色。
（3）最后使用外部式 CSS 将标题颜色设置为蓝色（style.css 文件中设置）。

但最终你可以观察到标题颜色被设置成了粉色。因为这三种样式是有优先级的，请记住它们的优先级：内联式 > 嵌入式 > 外部式。其中，嵌入式>外部式有一个前提，即嵌入式 CSS 样式代码的位置一定在外部式 CSS 样式代码的后面。如在编辑器中，<link href="style.css"即…>代码在<style type= "text/css">…</style>代码的前面（实际开发中也是这么写的）。感兴趣的小伙伴可以试一下，把它们调换顺序，再看它们的优先级是否发生了变化。

· 总结 ·

遵守就近原则（离被设置元素越近优先级别越高）。

3.4 关于选择器

什么是选择器？

每一条 CSS 样式声明（定义）由两部分组成，格式如下：

```
选择器{
    样式;
}
```

在{}之前的部分就是"选择器"，"选择器"指明了{}中的"样式"的作用对象，也就是"样式"作用于网页中的哪些元素。

3.4.1 标签选择器

标签选择器其实就是 HTML 代码中的标签，如右侧代码编辑器中的<html>、<body>、<h1>、<p>、<img>，关键代码如下：

```
p{
background: #517d66;
color:red;font-size:20px;
border:2px solid green;
}
```

上面的 CSS 样式代码的作用为：将<p>标签的背景色设置为#517d66 的色号，字体大小为 20 像素，设置边框为 2 像素、颜色为绿色的实线。

3.4.2 类选择器

类选择器格式如下：

```
.类选择器名称{CSS 样式代码;}
```

注意：

（1）要以英文圆点开头。

（2）其中类选择器名称可以任意起名（但不要用中文）。

关键代码如下：

```
.author{color:red;}
```

注意： 类前面要加入一个英文圆点。

3.4.3 ID 选择器

在很多方面，ID 选择器都类似于类选择器，但也有一些重要的区别：

（1）为标签设置 id="ID 名称"，而不是 class="类名称"。

（2）ID 选择符的前面是井号（#），而不是英文圆点（.）。

3.4.4 类选择器和 ID 选择器的区别

学习了类选择器和 ID 选择器，我们来总结下它们的相同点和不同点。

它们的相同点是可以应用于任何元素，不同点主要有以下两点。

（1）ID 选择器只能在文档中使用一次。与类选择器不同，在一个 HTML 文档中，ID 选择器只能使用一次，而类选择器可以使用多次。

下面代码是正确的：

```
<p>生存还是毁灭，这是一个永恒的选择题。以至于到最后，我们成为什么样的人，可能不在于我们的能力，而在于我们的选择。选择无处不在。面朝大海，春暖花开，是<span class="author">海子</span>的选择；人不是生来被打败的，是<span class="author">海明威</span>的选择；人固有一死，或重于泰山，或轻于鸿毛，是<span class="author">司马迁</span>的选择</p>
```

而下面代码是错误的：

```
<p>生存还是毁灭，这是一个永恒的选择题。以至于到最后，我们成为什么样的人，可能不在于我们的能力，而在于我们的选择。选择无处不在。面朝大海，春暖花开，是<span id="author">海子</span>的选择；人不是生来被打败的，是<span id="author">海明威</span>的选择；人固有一死，或重于泰山，或轻于鸿毛，是<span id ="author">司马迁</span>的选择</p>
```

（2）可以使用类选择器词列表方法为一个元素同时设置多个样式（取多个名字）。我们可以为一个元素同时设置多个样式，但只可以用类选择器的方法实现，使用 ID 选择器是不可以的（不能使用 ID 词列表）。

下面的代码是正确的：

```
. title {
color:red;
}
. tips{
font-size:20px;
}

<p>生存还是毁灭，这是一个永恒的<span class="title tips">选择题</span>。以至于到最后，我们成为什么样的人，可能不在于我们的能力，而在于我们的选择。</p>
```

上面代码为"选择题"这 3 个字设置了文本颜色为红色并且字号为 20px 的效果。

而下面的代码是不正确的：

```
# title {
    color:red;
}
# tips {
```

```
    font-size:22px;
    }
```

上面代码不可以实现为"选择题"这 3 个字设置文本颜色为红色并且字号为 20px 的效果。

3.4.5　子选择器

还有一个比较有用的选择器——子选择器（Child Selector），即大于符号（>），用于选择指定标签元素的第一代子元素，代码如下：

```
ul>li{
border:1px solid red;
}
```

这行代码会使 ul 的第一个子元素 li 出现红色实线边框效果。

3.4.6　包含（后代）选择器

包含选择器，即加入空格，用于选择指定标签元素下的后辈元素，关键代码如下：

```
.first    span{color:red;}
```

试一试：请注意这个选择器与子选择器的区别，子选择器仅指它的直接后代，或者可以理解为作用于子元素的第一代后代。而后代选择器则作用于所有后代元素。后代选择器通过空格来进行选择，而子选择器则通过 ">" 进行选择。

· 总结 ·

>作用于元素的第一代后代，空格作用于元素的所有后代。

3.4.7　通用选择器

通用选择器是功能最强大的选择器，它使用一个星号（*）指定，它的作用是匹配 HTML 中所有标签元素，如下面代码将 HTML 中任意标签元素字体颜色全部设置为红色：

```
* {color:red;}
```

3.4.8　hover——伪类选择符

更有趣的是伪类选择符，为什么叫伪类选择符呢？它允许给 HTML 不存在的标签（标签的某种状态）设置样式，如我们给 HTML 中一个标签元素的光标滑过的状态来设置字体颜色，关键代码如下：

```
a: hover{color:red;}
```

上面一行代码就是为<a>标签光标滑过的状态设置字体颜色变红效果。

这里有一点要说明的是，其实伪类选择符还有很多，尤其是 CSS3 中，但是很多不能兼容所有浏览器。其实 :hover 可以放在任意的标签上，如 p:hover，但是它们的兼容性也不是很好，所以现在比较常用的还是 a:hover 的组合。

试一试：完成如图 3-2 所示效果：光标经过，图片蜘蛛侠变为钢铁侠。

扫一扫，获取源
代码以及素材包

图 3-2　蜘蛛侠变钢铁侠效果图

完成图 3-2 所示效果，需要运用伪类选择符:hover 来实现，HTML 部分代码如下：

```
<div class="spiderPic"></div>
```

CSS 部分代码如下：

```
.spiderPic {
width:200px;
height:200px;
background:url(../images/spider.jpg) no-repeat;
background-size:200px auto;
}
.spiderPic:hover {
background:url(../images/ironman.jpg) no-repeat;
background-size:200px auto;
cursor:pointer;
}
```

3.4.9　:nth-child() 选择器与:nth-of-type() 选择器

:nth-child()选择器用于选择某个元素的一个或多个特定的子元素。

这里有一个小技巧，我们在使用 nth-child 选择器时，需要先找出该元素的父元素，然后从父元素开始匹配第 n 个元素。如果第 n 个元素不是该元素，则效果不显示。

试一试：运行以下代码，大家觉得是第几排的文字会变成绿色呢？

```
<!DOCTYPE html>
<html>
<head>
    <meta charset=" utf-8">
    <title>伪元素</title>  <style type="text/css">
    p:nth-child(2) {
        color:green;
    }
</style>
</head>
<body>
    <h1>国风•卫风•淇奥</h1>
    <p>有匪君子，如切如磋</p>
    <p>有匪君子，如切如磋</p>
    <p>有匪君子，如切如磋</p>
```

```
        <p>有匪君子，如切如磋</p>
    </body>
</html>
```

国风·卫风·淇奥

有匪君子，如切如磋

有匪君子，如切如磋

有匪君子，如切如磋

有匪君子，如切如磋

图 3-3　nth-child() 选择
器效果图

在 CSS 中有了代码 p:nth-child(2)，但结果却是第一个<p>标签文字的颜色变成了绿色，效果图如图 3-3 所示。这是为什么呢？

其原因是，代码首先查找 body 的子元素中的第二个元素（不区分元素类型），然后查看第二个元素是否是 p 元素，如果是，则将其字体颜色设置为绿色。

试一试：把上述代码中的 nth-child(2) 改成 nth-of-type(2)，发现第二行的"有匪君子，如切如磋"颜色变成绿色，效果如图 3-4 所示，代码如下：

```
<style type="text/css">
        p:nth-of-type(2) {
            color:green;
        }
</style>
```

国风·卫风·淇奥

有匪君子，如切如磋

有匪君子，如切如磋

有匪君子，如切如磋

有匪君子，如切如磋

图 3-4　nth-of-type() 选
择器显示效果

·总结·

为什么要叫:nth-of-type？因为它是以"type"来区分的，ele:nth-of-type(n) 是指父元素下第 n 个 ele 元素。ele:nth-child(n) 是指父元素下第 n 个元素且这个元素为 ele，若不是，则选择失败。注意这两个选择器有一个前提：要有共同的父元素。

:nth-of-type 的 2 个使用条件为：

（1）它们要有共同的"父亲"。

（2）它们的"父亲"是同一个"人"。

案例拓展

扫一扫右边的二维码，完成的效果如图 3-5 所示，光标经过时，元素颜色变成蓝色。

扫一扫，获取源代码以及素材包

关于水晶石　　数字大屏　　数字沙盘　　其他互动展示　　设计可视化

图 3-5　页面效果图

3.4.10　:first-child 选择器、:first-of-type 选择器、:last-child 选择器和:last-of-type 选择器

:first-child()选择器表示的是选择父元素的第一个子元素，简单点理解就是选择元素中的第一个子元素，这里要注意的是，它是子元素。

HTML 部分代码如下：

```
<h1>国风·郑风·有女同车</h1>
    <p>有女同车，颜如舜华</p>
    <p>有女同车，颜如舜华</p>
    <p>有女同车，颜如舜华</p>
    <p>有女同车，颜如舜华</p>
```

CSS 部分代码如下：

```
p:first-child{color: red;}
p:last-child{color: red;}
```

效果如图 3-6 所示。第一排字体颜色没有变。因为在这里，首先向上寻找 p 元素的"父亲"的第一个子元素，而它是<h1>标签，并不是<p>标签，所以字体颜色没有改变。而寻找父元素的最后一个标签是<p>，所以最后一排的文字变为红色。

试一试：将 first-child 和 last-child 换成：first-of-type:和:last-of-type 呢？

CSS 部分代码如下：

```
p:first-of-type{color: red;}
p:last-of-type{color: red;}
```

可以发现，只要满足彼此是"亲兄弟"，并且是同一个"父亲"的，它就会去寻找该标签的第一个标签和最后一个标签，效果如图 3-7 所示。

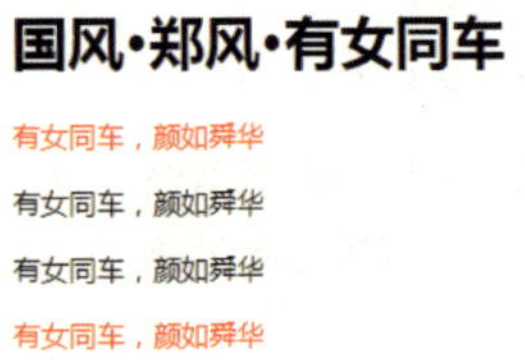

3.4.11　分组选择符

当你想为 HTML 中多个标签元素设置同一个样式时，可以使用分组选择符（,）。

试一试：将<h1>、<span>标签同时设置字体颜色为红色，代码如下：

```
h1,span{color:red;}
```

它相当于下面两行代码：

```
h1{color:red;}
span{color:red;}
```

3.4.12　:after 选择器与:before 选择器

在每个 p 元素的内容之前插入新内容，代码如下：

```
p:before{
```

国风·郑风·有女同车

有女同车，颜如舜华
有女同车，颜如舜华
有女同车，颜如舜华
有女同车，颜如舜华

图 3-6　first-child 选择器、last-child 选择器显示效果

国风·郑风·有女同车

有女同车，颜如舜华
有女同车，颜如舜华
有女同车，颜如舜华
有女同车，颜如舜华

图 3-7　first-of-type 选择器、last-of-type 选择器显示效果

```
        content:"内容";
    }
```

在每个 p 元素的内容之后插入新内容，代码如下：

```
    p:after{
        content:"内容";
    }
```

· 总结 ·

伪类:after 和:before 选择器的用法为：

（1）在某个元素后面插入一块内容。

（2）语法格式为：content:"" 。

（3）它是一个行内元素。

（4）它与"某个元素"是父子关系，所以经常用 position:absolute 来定位。

案例拓展

利用伪类选择器，完成如图 3-8 所示效果。

图 3-8　我们在这里等你效果图

在 HTML 部分，"我们在这里等你"利用<h2>标题，"具有核心竞争力的老铁们"用<p>标签。中间部分，用<ul>结构完成布局，代码如下：

```
<section class="main">
        <div class="content-figure">
            <h2 class="u-title">我们在这里等你</h2>
            <span></span>
            <p class="sup">具有核心竞争力的老铁们</p>
            <ul>
                <li>
                    <a href="#">
                        <div class="pic">
                            <img src="images/figure-1.jpg">
                            <div class="mask">
```

```
                            <p>我是拼拼乐创始人<br>年收入 200 万+</p>
                        </div>
                    </div>
                    <h3>17 电技班李将辉</h3>
                </a>
            </li>
            <li>
                <a href="#">
                    <div class="pic">
                        <img src="images/figure-2.jpg">
                        <div class="mask">
                            <p>视频剪辑师<br>月薪 8k+</p>
                        </div>
                    </div>
                    <h3>15 班计应 3 班徐达</h3>
                </a>
            </li>
            ……
        </ul>
        <a class="u-entr">现在加入</a>
    </div>
```

在这个案例中，有两个地方可以考虑用伪类选择器来实现。第一处，是标题下面的红线，我们用.u-title:after 伪类选择器来加载红线。第二处，是加载图片 bg-figure-0 处，我们在 class 名"pic"的后面，用伪类选择器来写，CSS 代码如下：

```
.main .content-figure{
    width: 1200px;
    margin: 0 auto;
    text-align: center;
    padding-top: 120px;
}
.main .content-figure .u-title{
    font-size: 28px;
    line-height: 30px;
    font-weight:400;
}
.main .content-figure .u-title:after{
    content: "";
     display: block;
     position: relative;
     top: 20px;
     height: 2px;
     width: 100px;
     margin: 0 auto;
     background-color: #f83934;
}
.main .content-figure .sup{
    margin-top: 50px;
    font-size: 18px;
    margin-bottom: 50px;
    height: 18px;
}
.main .content-figure ul{
    width: 1248px;
    margin: 0 auto;
    height: 300px;
}
.main .content-figure ul li{
    width: 160px;
```

```
            text-align: center;
            float: left;
            margin:0 24px;
    }
    .main .content-figure ul li .pic{
            width: 160px;
            height: 184px;
            position: relative;
    }
    .main .content-figure ul li .pic img{
            width: 160px;
            height: 184px;
    }
    .main .content-figure .pic:after{
            width: 208px;
            height: 300px;
            content: "";
            position: absolute;
            display: block;
            background: url(../images/bg-figure-0.png);
            top: -58px;
            left: -24px;
    }
    .main .content-figure .mask{
            width: 160px;
            height: 184px;
            position: absolute;
            top: 0;
            left: 0;
            font-size: 16px;
            line-height: 24px;
            background: url(../images/bg-figure-1.png);
            display: none;
    }
    .main .content-figure .mask p{
            margin-top: 69px;
            color:#ea524e;
    }
    .main .content-figure .pic:hover .mask{
            display: block;
    }
    .main .content-figure h3{
            position: relative;
            z-index: 1;
            font-size: 16px;
            color: #fff;
            margin-top:10px;
    }
    .main .content-figure .u-entr{
            border: 2px solid #ea524e;
            padding: 10px 30px;
            font-size: 16px;
            color: #ea524e;

    }
    .main .content-figure .u-entr:hover{
            cursor: pointer;

    }
```

第 4 章　CSS 文字排版

本章主要讲解 CSS 文字排版。我们需要基本掌握的 CSS 文字排版属性如表 4-1 所示。表 4-1 中的内容都是需要牢记的，每次写网页代码时，都会用到。

表 4-1　需要基本掌握的 CSS 文字排版属性

颜色	color:#666
字号	font-size:12px；
宽度	width：50px;
高度	height:50px;
粗体	font-weight:bold
斜体	font-style:italic
字体	font-family:"宋体"
下画线	text-decoration:underline
删除线	text-decoration:line-through
缩进	text-indent:2em
行间距（行高）	line-height:1.5em
中文字间距、字母间距	letter-spacing:50px
文字水平居中	text-align:center
透明度	opacity
属性设置元素的垂直对齐方式	vertical-align
背景	background
边框大小	border:5px solid red;
元素垂直居中	vertical-align
选择器匹配属于其父元素的第 *n* 个子元素，不论元素的类型	:nth-child(n)

4.1　部分 CSS 属性说明

4.1.1　color

格式如下：

```
color:red;
```

还有其他 3 种表达：

- color:#00ff00;
- color:rgb(0,0,255);
- color:rgba(0,0,255,1);

试一试：如果表示 0.5 透明度的红色，该如何写？

color:rgba(0,0,255,0.5);

4.1.2　border

格式如下：

border:5px solid red;(大小　样式　颜色)

border 常用标签样式如表 4-2 所示。

表 4-2　border 常用标签样式

值	描　述
dotted	定义点状边框。在大多数浏览器中呈现为实线
dashed	定义虚线。在大多数浏览器中呈现为实线
solid	定义实线
double	定义双线。双线的宽度等于 border-width 的值

更多样式可以参考 W3C 官网。

4.1.3　background

格式如下：

```
div{
    background: #00FF00 url(../images/pic.png) no-repeat fixed top;
}
```

可以设置如下属性：

- background-color：#00FF00;
- background-position: fixed top;
- background-repeat: no-repeat;
- background-image：url(../images/pic.png);

更多属性可以查阅 W3C 官方手册。

4.1.4　margin:0 auto

margin：0 auto 表示块状元素居中。

· 总结 ·

margin:0 auto 在不同场景下生效条件如下。

● 块级元素：给定要居中的块级元素的宽度。

● 行内元素：①设置 display:block；②给定要居中的行内元素的宽度（行内元素设置成块级元素后可以对其宽高进行设置）。

● 行内块元素：设置 display:block（如 input、button、img 等元素，自带宽度可以不用设置其宽度）。

4.1.5 box-shadow

格式如下：

box-shadow: h-shadow v-shadow blur spread color inset;

具体参数如表 4-3 所示。

表 4-3 box-shadow 各参数说明

参　数	说　明
h-shadow	必需。水平阴影的位置。允许负值
v-shadow	必需。垂直阴影的位置。允许负值
blur	可选。模糊距离
spread	可选。阴影的尺寸
color	可选。阴影的颜色。请参阅 CSS 颜色值
inset	可选。将外部阴影 (outset) 改为内部阴影

4.1.6 text-shadow

格式如下：

text-shadow: h-shadow v-shadow blur color;

具体参数如表 4-4 所示。

表 4-4 text-shadow 各参数说明

参　数	说　明
h-shadow	必需。水平阴影的位置。允许负值。
v-shadow	必需。垂直阴影的位置。允许负值。
blur	可选。模糊的距离。
color	可选。阴影的颜色。

4.1.7 transition 属性

格式如下：

transition：transition-property，transition-duration，transition-timing-function，transition-delay

4 个过渡属性如表 4-5 所示。

表 4-5　transition 4 个过渡属性

transition-property	规定设置过渡效果的 CSS 属性的名称
transition-duration	规定完成过渡效果需要多少秒或毫秒
transition-timing-function	规定速度效果的速度曲线
transition-delay	延迟时间

过渡的动画类型有以下 5 种，具体属性值说明如表 4-6 所示。

- linear：线性过渡；
- ease：平滑过渡；
- ease-in：逐渐加速；
- ease-out：逐渐减速；
- ease-in-out：先加速后减速。

表 4-6　transition-timing-function 属性的属性值说明

属　性	说　明
linear	规定以相同速度开始至结束的过渡效果，等于 cubic-bezier(0,0,0,1)
ease	规定慢速开始，然后变快，然后慢速结束的过渡效果，等于 cubic-bezier(0.25,0.1,0.25,1)
ease-in	规定以慢速开始的过渡效果，等于 cubic-bezier(0.42,0,1,1)
ease-out	规定以慢速结束的过渡效果，等于 cubic-bezier(0,0,0.58,1)
ease-in-out	规定以慢速开始和结束的过渡效果，等于 cubic-bezier(0.42,0,0.58,1)
cubic-bezier(n,n,n,n)	在 cubic-bezier 函数中定义自己的值，可能的值是 0 至 1 之间的数值

试一试：1s 后，透明度用时 2s 改变。CSS 部分代码如下：

```
transition：opacity 2s linear 1s；
```

试一试：实现光标经过时图形变为矩形，用时 2s，从红色变成蓝色。

HTML 部分代码如下：

```
<div class="div1"></div>
```

CSS 部分代码如下：

```
.div1{
    background: red;
    transition: background 2s linear;
    width: 200px;
    height: 200px;
}
.div1:hover{
    background: blue;
}
```

·总结·

transition 可用的场合大多都借助伪类（常见的伪类是:hover，:focus）、JavaScript、@madia

触发的。tranistion 和 JavaScript 的结合更强大。JavaScript 用于设定要变化的样式，transition 则负责动画效果。

通过 transition 属性可以添加过渡效果，可以指定参与的过渡属性、过渡时间、过渡延迟时间、过渡动画类型等。

目前主流浏览器并未支持标准的 transition-property 属性，所以在实际开发中还需要添加各浏览器厂商的前缀。例如，需要为 Firefox 浏览器添加-moz-前缀；为 IE 浏览器添加-ms-前缀；为 Opera 浏览器添加-o-前缀；为 Chrome 浏览器添加-webkit-前缀。

4.1.8 gradients 渐变

CSS3 渐变（gradients）指的是在两个或多个指定的颜色之间显示平稳的过渡。

以前，我们必须使用图像来实现这些效果。但是，通过使用 CSS3 渐变（gradients），我们可以减少下载的时间和宽带的使用。此外，渐变效果的元素在放大时看起来效果更好，因为渐变（gradient）是由浏览器生成的。

扫一扫，获取 gradient
渐变视频教程

CSS3 定义了两种类型的渐变（gradients）：

● 线性渐变（linear-gradients）：向下/向上/向左/向右/对角方向。
● 径向渐变（radial-gradients）：由它们的中心定义。

gradients 浏览器支持表如表 4-7 所示。

表 4-7　gradients 渐变浏览器支持表

属 性					
linear-gradient	10	26.0-webkit	16.0-moz-	6.1-webkit	12.1-o-
radial-gradient	10	26.0-webkit	16.0-moz-	6.1-webkit	12.1-o-
repeating-linear-gradient	10	26.0-webkit	16.0-moz-	6.1-webkit	12.1-o-
repeating-radial-gradient	10	26.0-webkit	16.0-moz-	6.1-webkit	12.1-o-

1. 线性渐变

格式如下：

语法格式：background: linear-gradient(direction, color-stop1, color-stop2, ...);

（1）线性渐变——从上到下（默认情况下）

background：linear-gradient(colorstop1，colorstop2);

（2）线性渐变——从左到右

background: -webkit-linear-gradient(begin-direction, colorstop1，colorstop); /* Safari 5.1 - 6.0 */

```
background: -o-linear-gradient(end-direction, colorstop1，colorstop2); /* Opera 11.1 - 12.0 */
background: -moz-linear-gradient(end-direction, colorstop1，colorstop2); /* Firefox 3.6 - 15 */
background: linear-gradient(to end-direction, colorstop1,colorstop2); /*标准的语法（必须放在最后）*/
```

（3）线性渐变——对角。通过指定水平和垂直的起始位置来制作一个对角渐变。以下实例演示了从左上角到右下角的对角线渐变。注意这里的起始角度参照上述代码。

```
background: -webkit-linear-gradient(left top,red,blue);
background: -o-linear-gradient(left,red,blue);
background:-moz-linear-gradient(right bottom,red,blue);
background: linear-gradient(to right bottom,red,blue);
```

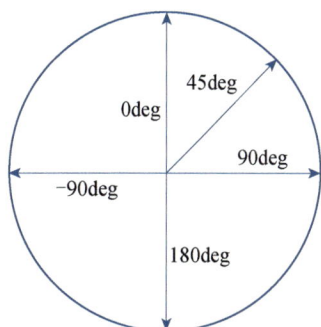

图 4-1　角度图

（4）使用角度来表示渐变。角度是指水平线和渐变线之间的角度，逆时针方向计算。换句话说，0deg 将创建一个从下到上的渐变，90deg 将创建一个从左到右的渐变。具体角度如图 4-1 所示。

```
background: linear-gradient(angle, color-stop1, color-stop2);.
```

试一试：实现矩形从左下到右上，红色到蓝色的渐变，效果如图 4-2 所示。

利用 linear 来实现，关键代码如下：

```
background:-webkit-linear-gradient(left bottom,red,blue);
background:-moz-linear-gradient(right top,red,blue);
background:-o-linear-gradient(right top,red,blue);
background: linear-gradient(to right top,red,blue);
```

2. 径向渐变

语法格式：

```
background: radial-gradient(center, shape size, start-color, ..., last-color);
```

图 4-2　渐变效果图

径向渐变由它的中心定义。

为了创建一个径向渐变，也必须至少定义两种颜色节点。颜色节点即想要呈现平稳过渡的颜色。同时，也可以指定渐变的中心、形状（圆形或椭圆形）、大小。默认情况下，渐变的中心是 center（表示在中心点），渐变的形状是 ellipse（表示椭圆形），渐变的大小是 farthest-corner（表示到最远的角落）。

试一试：3 个颜色的径向渐变。径向渐变效果图如图 4-3 所示。

```
background: -webkit-radial-gradient(red, green, blue); /* Safari 5.1 - 6.0 */
background: -o-radial-gradient(red, green, blue); /* Opera 11.6 - 12.0 */
background: -moz-radial-gradient(red, green, blue); /* Firefox 3.6 - 15 */
background: radial-gradient(red, green, blue); /* 标准的语法 */
```

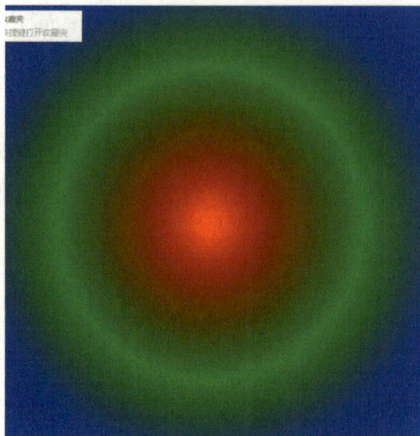

图 4-3　径向渐变效果图

4.1.9　transform

格式如下：

```
transform：transform-functions;
```

试一试：旋转矩形 div 7°。CSS 部分代码如下。

```
div{
transform:rotate(7deg);
-ms-transform:rotate(7deg); /* IE 9 */
-webkit-transform:rotate(7deg); /* Safari and Chrome */
-moz-transform:rotate(7deg); /* Firefox*/
-o-transform:rotate(7deg); /*Opera */
}
```

通过 transform 属性进行变形，主要有旋转、缩放、平移、倾斜。

目前主流浏览器并未支持标准的 transform 属性，所以在实际开发中还需要添加各浏览器厂商的前缀。例如，需要为 Firefox 浏览器添加-moz-前缀；为 IE 浏览器添加-ms-前缀；为 Opera 浏览器添加-o-前缀；为 Chrome 浏览器添加-webkit-前缀。

（1）rotate：旋转（后面要跟上 deg）。rotate(angle)用于定义 2D 旋转，在参数中规定角度。rotate3d(x,y,z,angle) 则用于定义 3D 旋转。

（2）scale：缩放；scale(x,y) 用于定义 2D 缩放转换。如果只要在某一个轴上缩放，则可以在 scale 后面加上 X 或者 Y，例如，在 X 轴上缩放，表达为 scaleX。这里要注意的是，如果放大倍数相同，scale(X,Y)的 Y 可省略。scale3d(X,Y,Z)则用于定义 3D 缩放转换。

试一试：根据下列代码，猜一猜矩形的大小。

```
transform: scale(2);    /*沿着 X、Y 轴放大 2 倍*/
transform: scale(2,2);    /*沿着 X、Y 轴放大 2 倍*/
transform: scaleX(2);/*沿着 X 轴放大 2 倍*/
transform: scaleY(2);/*沿着 Y 轴放大 2 倍*/
transform: scaleZ(2);/*沿着 X 轴放大 2 倍
```

（3）translate：平移（后面跟像素 px）。translate(x,y) 用于定义 2D 转换。如果只要在某一个轴上平移，则可以在 translate 后面加上 X 或者 Y，例如，在 X 轴上平移，表达为 translateX；translate3d 则用于同时设置 translateX，translateY 和 translateZ 3 个参数，且 3 个参数缺一不可。

试一试：根据代码，描述出矩形的运动轨迹。

```
transform:translate(30px,30px);/* 矩形向右、向上平移 30px 距离*/
transform:translateX(30px);/* 矩形向右平移 30px 距离*/
transform:translateY(30px);/* 矩形向下平移 30px 距离*/
transform:translate(30px); /* 矩形向右平移 30px 距离*/
transform:translateZ(30px);/* 矩形向你靠近 30px 距离*/
```

注意：

① translate 作为平移，向 X 轴平移，填正数往右平移，填负数，往左平移。

② "translate(30px,30px)" 是表达同时设置 translateX 和 translateY，所以里面可以填两个参数，第一个参数为 X，第二参数为 Y。但如果第二个参数不填的话，默认为 0。而 translate3d 则需要把 X、Y 和 Z 轴的三个参数都填全，否则会报错。

（4）skew：倾斜（后面要跟上 deg）。skew(x-angle,y-angle) 用于定义沿着 x 和 y 轴的 2D 倾斜转换。如果只要在某一个轴上倾斜，则可以在 skew 后面加上 X 或者 Y，例如在 X 轴上倾斜，表达为 skewX。

transform-style 属性是 3D 空间一个重要属性，用于指定嵌套元素如何在 3D 空间中呈现。它主要有两个属性值：flat 和 preserve-3d。

注意：transform-style 属性需要设置在父元素中，并且高于任何嵌套的变形元素。

4.1.10　animation 属性

格式如下：

```
animation: name duration timing-function delay iteration-count direction fill-mode play-state;
@keyframes name{    /*关键帧动画*/
    0%{}
    100%{}
}
```

animation 属性是一个简写属性，用于设置 6 个动画属性，如表 4-8 所示。

表 4-8　animation 动画属性

值	描　述
animation-name	规定需要绑定到选择器的 keyframe 名称
animation-duration	规定完成动画所花费的时间，以秒或毫秒计
animation-timing-function	规定动画的速度曲线
animation-delay	规定在动画开始之前的延迟

续表

值	描 述
animation-iteration-count	规定动画应该播放的次数 n：定义动画播放次数的数值（负数无效，0 相当于 animation-duration 立即执行） infinite：规定动画应该无限次播放
animation-direction	规定是否应该轮流反向播放动画 normal：默认值。动画应该正常播放 alternate：动画应该轮流反向播放 reverse：反向运行动画，每周期结束动画由尾到头运行 alternate-reverse：反向开始交替

注意：animation 浏览器支持情况为：Internet Explorer 10、Firefox 及 Opera 支持 animation 属性。Safari 和 Chrome 支持替代的-webkit-animation 属性。我们一般在 animation 前加-webkit-前缀即可。

@keyframes 需要前缀 moz，webkit、o 来支持不同的浏览器。通过 @keyframes 规则，能够创建动画。创建动画的原理是，将一套 CSS 样式逐渐变化为另一套样式。在动画过程中，以百分比来规定改变发生的时间，或者通过关键词 "from" 和 "to"，等价于 0% 和 100%。0%表示动画的开始时间，100%表示动画的结束时间。

注意：为了获得最佳的浏览器支持，应该始终定义 0% 和 100% 选择器。

试一试：div 在网页加载完成之后 2s 内，慢慢从不透明到透明，背景色从红色变为蓝色。关键代码如下：

```
div{
    width: 600px;
    height: 300px;
    animation:mymove 2s infinite;
    -webkit-animation:mymove 2s infinite; /* Safari 和 Chrome */
}

@keyframes mymove{
    0%{background: red;opacity: 100%;}
    100%{background: blue;opacity:0;}
}
@-webkit-keyframes mymove{
    0%{background: red;opacity: 100%;}
    100%{background: blue;opacity:0;}
}
@-o-keyframes mymove{
    0%{background: red;opacity: 100%;}
    100%{background: blue;opacity:0;}
}
@-moz-keyframes mymove{
0%{background: red;opacity: 100%;}
    100%{background: blue;opacity:0;}
}
```

扫一扫，获取素材包以及源代码

知识拓展：animation 还有两个比较重要的属性：animation-play-state 与 animation- fill-mode。具体用法如表 4-9 所示。

表 4-9　animation 另外两个重要属性

animation-play-state	动画的状态，可设为 running，paused 默认值 running 表示正在播放动画，paused 表示暂停动画。通常在 JavaScript 使用该属性 object.style.animationPlayState=paused 来暂停动画。
animation-fill-mode	动画播放时间之外的状态，可设置 none、forwards、backwards、both 默认值 none 表示动画播完后，恢复到初始状态。forwards 当动画播完后，保持@keyframes 中最后一帧的属性 backwards 表示开始播动画时，应用@keyframes 中第一帧的属性，要看出效果，通常要设 animation-delay 延迟时间 both 表示 forwards 和 backforwards 都应用

· 总结 ·

transition 与 animation 的用法不同点。

1. 触发条件不同。transition 通常和 hover 等事件配合使用，由事件触发。animation 则和 gif 动态图差不多，一旦触发立即播放。

2. 循环。animation 可以设定循环次数。

3. 精确性。animation 可以设定每一帧的样式和时间。transition 只能设定头尾。animation 中可以设置每一帧需要单独变化的样式属性，transition 中所有样式属性都要一起变化。

4. 与 JavaScript 的交互。animation 与 JavaScript 的交互不是很紧密。transition 和 JavaScript 的结合更强大。JavaScript 可以设定要变化的样式，transition 负责动画效果，天作之合。

· 结论 ·

1. 如果要灵活定制多个帧及循环，可以用 animation。

2. 如果想要简单的 from to 效果，用 transition。

3. 如果要使用 JavaScript 灵活设定动画属性，用 transition。

案例拓展

完成如图 4-4 所示愤怒的小鸟旋转效。

扫一扫，获取源代码以及素材包

图 4-4　愤怒的小鸟旋转效果图

HTML 部分关键代码如下：

```
<section class="main">
                <div class="bird"></div>
                <div class="inner"></div>
                <div class="middle"></div>
                <div class="outer"></div>
</section>
```

CSS 部分代码关键代码如下：

```css
.main{
    width: 800px;
    height: 800px;
    margin: 0 auto;
    position: relative;
    transform-style:preserve-3d;
}
.main div{
    position: absolute;
    width: 100%;
    height: 100%;
    background-position: center;
    background-repeat:no-repeat;
}
.main .bird{
    background-image: url(../images/bird.png);
    transform-style:preserve-3d;
/*transform-style 属性需要设置在父元素中，并且高于任何嵌套的变形元素。*/
}
.main .inner{
    background-image: url(../images/circle_inner.png) ;
    animation: circle_inner 2s linear infinite;
}
.main .outer{
    background-image: url(../images/circle_outer.png);
    animation: circle_outer 2s linear infinite;
}
.main .middle{
    background-image: url(../images/circle_middle.png);
    animation: circle_middle 2s linear infinite;
}
@keyframes circle_outer{
    0% { transform: rotateZ(0deg); }
    100%{ transform: rotateZ(360deg);}
}
@keyframes circle_middle{
    0% { transform: rotateY(0deg); }
    100%{ transform: rotateY(360deg);}
}
@keyframes circle_inner{
    0% { transform: rotateX(0deg); }
    100%{ transform: rotateX(360deg);}
}
```

4.1.11　@font-face 来显示 Web 自定义字体

格式如下：

```
@font-face {
    font-family: <YourWebFontName>;
    src: <source> [<format>][,<source> <format>]]*;
    [font-weight: <weight>];
    [font-style: <style>];
}
```

取值说明：

（1）YourWebFontName:此值指的是你自定义的字体名称，最好使用下载的默认字体，它将被引用到 Web 元素中的 font-family，如"font-family:"YourWebFontName";"。

（2）source:此值指的是自定义字体的存放路径，可以是相对路径也可以是绝对路径。

（3）format：此值指的是自定义字体的格式，主要用来帮助浏览器识别，其值主要有以下几种类型：truetype、opentype、truetype-aat、embedded-opentype、avg 等。

（4）weight 和 style:weight 用于定义字体是否为粗体，style 主要用于定义字体样式，如斜体。

试一试： 看看以下代码加载的是什么字体。

```
@font-face {
    font-family: 'BebasNeueRegular';
    src: url('fonts/BebasNeue-webfont.eot');
    src: url('fonts/BebasNeue-webfont.eot?#iefix') format('embedded-opentype'),
         url('fonts/BebasNeue-webfont.woff') format('woff'),
         url('fonts/BebasNeue-webfont.ttf') format('truetype'),
         url('fonts/BebasNeue-webfont.svg#BebasNeueRegular') format('svg');
    font-weight: normal;
    font-style: normal;
}
```

知识拓展：WOFF

WOFF 是 Web Open Font Format 几个词的首字母简写。

TrueType 是由美国苹果公司和微软公司共同开发的一种计算机轮廓字体（曲线描边字）类型标准。这种类型字体文件的扩展名是.ttf。

参考阅读：https://www.jianshu.com/p/0d3be9b77eb9。

4.1.12　@media 查询

格式如下：

```
@media screen and (max-width:960px) {
    body {
        background-color: #000;;
    }
}
```

试一试：当屏幕宽度小于 960px 时，背景颜色变为黄色，字体颜色变为白色，字号变为 50，不加粗显示。

```
<style type="text/css">
                    .box{
                            font-size: 50px;
                            font-weight: 900;
                            background: blue;
                            color: #fff;
                        }
    </style>
     <body>
            <div class="box">我是响应式页面</div>
        </body>
```

如果文档宽度小于 960 像素则修改背景颜色(background-color)。

案例拓展

利用响应式布局，完成如图 4-5 所示效果。

图 4-5 移动端页面与屏幕宽度小于 420px 时页面

HTML 部分在头部需要加入移动端页面信息，代码如下：

```
<meta name="viewport" content="width=device-width, initial-scale=1, maximum-scale=1.0,
minimum-scale=1.0,user-scalable=no"/>
```

其中，<meta> 标签用于设置元信息。Viewport 表示设备的屏幕。在 width=device-width 中，width 属性用于控制设备的宽度。如果网站将被不同屏幕分辨率的设备浏览，那么将它设置为 device-width 可以确保它能正确呈现在不同设备上。initial-scale=1 表示确保网页加载时，以 1:1 的比例呈现，不会有任何的缩放。maximum-scale=1 表示最大缩放比例为 1:1。user-scalable=no 表示禁用用户触屏缩放网页功能。

CSS 部分关键代码：

```
body{
    background:#4876ef;
```

```
    }
    .container{
        width:400px;
            height: 550px;
        background: #fff;
        position: absolute;    /*居中，去找它的上级元素，若找不到，则相对于 body 处理*/
        left: 50%;
        margin-left: -200px;
        top: 50%;
        margin-top: -275px;
    }

    .loginText{
        width: 200px;
        margin:0 auto;
        height: 60px;
        background: url(../images/login.png) no-repeat 0 -60px;
    }

    /*注册框中表单*/
    .container form{
        width: 360px;
        height: 100%;
        margin:20px auto;
    }

    .container .item{
        position: relative;
        margin-bottom:25px;

    }

    .container .item label{
        position: absolute;
        top: 11px;      /*图标距离，顶部距离与 input 的 padding-top 一致*/
        left: 0;
    }

    .container .item input{
        border: 1px solid #999;
        width: 280px;
        height: 30px;
        padding: 11px 8px 11px 50px;
        font-size: 14px;
    }

    /*登录按钮*/
    .submit input{
        width: 340px;
        height: 52px;
        background: #4876ef;
        font-size: 20px;
        letter-spacing: 5px;/*字母间间距 5px*/
        color: #fff;
        border-radius: 3px;
    }

    /*readme 部分利用弹性布局*/
    .readme{
```

```
            margin-top:8px;
            display: flex;        /*弹性布局*/
            justify-content: space-between; /*两端对齐*/
                  width: 338px;
            color: #000;
        }

        /*响应式布局页面小于 420px 时*/
        @media screen and (max-width:420px){        /*注意:and 后面有空格;*/
            .container{
                width:100%;
                height: 100%;
                background: #4876ef;
                top: 0;   /*取消原先的居中设置*/
                margin:0;
                left:0;
            }
            .loginText{
                background-position:0 0;        /*页面宽度小于 420px 时，设置用户注册图片不同样式*/
            }
            .submit input{
                background: #0000ff;   /*页面宽度小于 420px 时，设置注册按钮背景颜色和字体*/
                font-size: 18px;
            }
        }
```

4.2　CSS 布局模型

　　清楚了 CSS 盒模型的基本概念、盒模型类型，我们就可以深入探讨网页布局的基本模型了。布局模型与盒模型一样都是 CSS 最基本、最核心的概念。但布局模型是建立在盒模型基础之上的，不同于我们常说的 CSS 布局样式或 CSS 布局模板。如果说布局模型是"本"，那么 CSS 布局模板就是"末"了，是外在的表现形式。

　　CSS 包含 3 种基本的布局模型，用英文概括为：Flow、Layer 和 Float。即在网页中，元素有三种布局模型：流动模型（Flow）、浮动模型 (Float)、层模型（Layer）。

4.3　流动模型

　　流动模型是默认的网页布局模式，也就是说在默认状态下 HTML 网页元素都是根据流动模型来分布的。

　　流动模型具有两个比较典型的特征：

　　（1）块状元素都会在所处的包含元素内自上而下按顺序垂直延伸分布，因为在默认状态下，块状元素的宽度都为 100%。实际上，块状元素都会以行的形式占据位置。

　　（2）在流动模型下，行内元素都会在所处的包含元素内从左到右水平分布显示，内联元素可不像块状元素这么霸道独占一行，其中 a、span、em、strong 都是内联元素。

4.4　浮动模型

　　块状元素都是独占一行的，如果想让两个块状元素并排显示，怎么办呢？我们可以设置元素浮动来实现独占一排的效果。

　　任何元素在默认情况下是不能浮动的，但可以用 CSS 定义为浮动，如 div、p、hx、img 等元素都可以被定义为浮动。如下代码可以实现两个 div 元素在一行中显示：

```
div{width: 400px;height: 400px;}
.div1{background: red;      float: left; /*浮动*/}
.div2{background: blue; float: left;}
```

　　效果如图 4-6 所示。

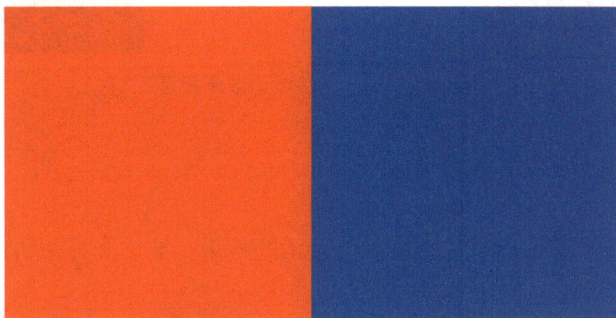

图 4-6　浮动显示效果（1）

　　当然也可以同时设置两个元素为右浮动来实现在一行中显示：

```
div{width:200px;height:200px; border:2px red solid;float:right;}
```

　　效果如图 4-7 所示。

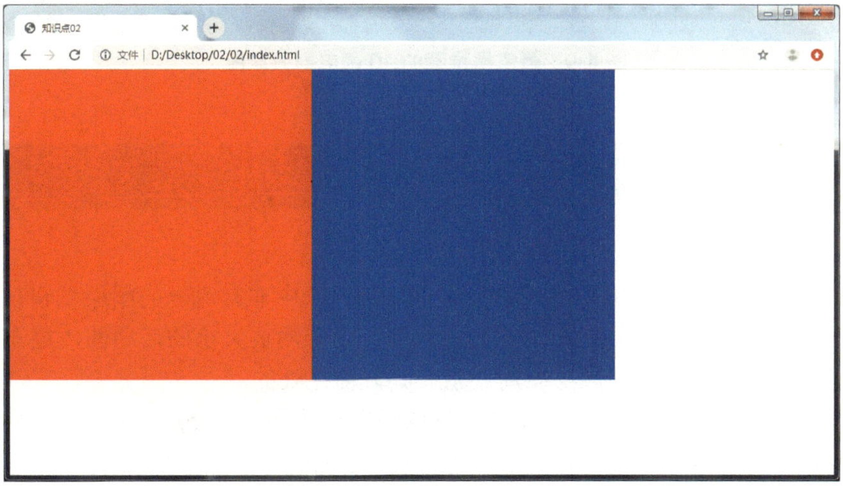

图 4-7　浮动显示效果（2）

更进一步，如果想要让两个元素一左一右地在一行中显示，这样可以吗？当然可以，代码如下：

```
div{        width: 400px;height: 400px;}
.div1{background: red;       float: left; /*浮动*/}
.div2{background: blue;float: right;}
```

效果如图 4-8 所示。

图 4-8　一左一右浮动效果显示

🌱 **案例拓展**

运用浮动模型的知识点，完成如图 4-9 所示的效果。要求光标滑过时出现白框。

扫一扫，获取源代码以及素材包

图 4-9　最值得推荐的 10 部电影效果图

4.5　层模型

什么是层模型？层模型就像是图像软件 Photoshop 中非常流行的图层编辑功能一样，每个图层能够精确定位操作，但在网页设计领域，由于网页大小的活动性，层布局没能受到热捧。但是在网页上局部使用层布局还是有其方便之处的。

如何在网页中精确定位 HTML 元素，就像图像软件 Photoshop 中的图层一样可以对每个图层能够精确定位操作。CSS 定义了一组定位（Positioning）属性来支持层模型。

层模型有三种形式：绝对定位（position: absolute）、相对定位（position: relative）、固定

定位（position: fixed）。

新建一个 HTML 页面，来认识下绝对定位和相对定位：先写 4 个<div>标签，分别编号 1、2、3、4，设置宽度、高度、边框等 CSS 属性使<div>标签在浏览器中显示出来；设置浮动效果，使<div>标签形成文档流的形式；设置<div>标签中的文字垂直、水平居中及字体大小，代码如下：

```
div{
    width:200px;
    height:200px;
    border:2px red solid;
float:left;
font-size: 30px;
text-align: center;
vertical-align:middle;
line-height: 200px;
}
<div id="div1"></div>
```

效果如图 4-10 所示。

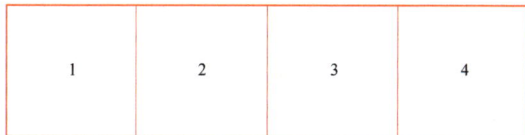

图 4-10　<div>标签在浏览器中的显示效果

4.5.1 层模型——绝对定位

如果想为元素设置层模型中的绝对定位，需要设置 position:absolute 属性，该属性的作用是将元素从文档流中拖出来，然后使用 left、right、top、bottom 属性相对于其最接近的一个具有定位属性的父包含块进行绝对定位。如果不存在这样的包含块，则相对于 body 元素进行定位，即相对于浏览器窗口。

针对案例中的第一个<div>标签，设置绝对定位。让 1 号<div>标签脱离文档流，它就不会随着整个文档流的浮动而浮动了。它会直接相对于整个大的 body 元素。body 元素就是整个空白区域，是最大的父容器。

我们先对第一个盒子设置绝对定位，脱离文档流：<div style="position:absolute">，这样 1 号<div>就跟文档流没关系了，再为其设置 "left:30px; top:50px; background-color:green" 表示 1 号盒子相对于整个 body 元素，向右移动 30px，向下移动 50 像素，跟 2、3、4 号<div>没有关系。

如下代码实现相对于以前位置向右移动 30px，向下移动 50px：

```
<div style="position:absolute; left:30px; top:50px; background-color:green;">1</div>
    <div>2</div>
    <div>3</div>
    <div>4</div>
```

效果如图 4-11 所示。

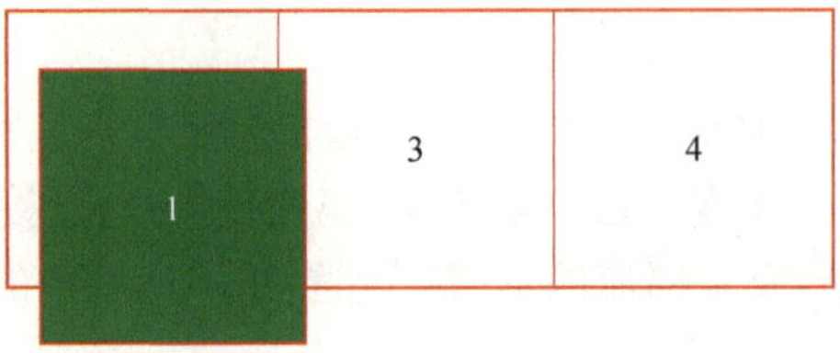

图 4-11　第 1 个<div>标签设置绝对定位效果

4.5.2　层模型——相对定位

如果想为元素设置层模型中的相对定位，需要设置 position:relative 属性，并通过 left、right、top、bottom 属性来确定元素在正常文档流中的偏移位置。相对定位完成的过程是首先按 static(float)方式生成一个元素（并且元素像层一样浮动了起来），然后相对于以前的位置移动，移动的方向和幅度由 left、right、top、bottom 属性确定，偏移前的位置保留不动。

我们为 2 号<div>设置相对定位，相对定位采用 position:relative（它相当于自己原本在文档流中的位置进行偏移，从而实现相对定位，不会脱离文档流）。先把 1 号<div>注释掉，再放一个 1 号盒子。为 2 号<div>设置："style=""position:relative;right: 30px;bottom:50px;background-color:gree; ""。再看看其效果如图 4-12 所示。相对于它原来应该在的位置向左30px，向上 50px，1、3、4 号<div>没变，脱离文档流的话整个布局都会发生改变。如果要把 2 号<div>偏移到很远的地方，用绝对定位就可以了，进行微调的偏移可以用相对定位。

如下代码实现相对于以前位置向上移动 50px，向左移动 30px：

```
<div>1</div>
    <div style="position:relative;right:30px;bottom:50px;background-color:green;">2</div>
    <div>3</div>
    <div>4</div>
```

图 4-12　第 2 个<div>标签设置相对定位效果

· 总结 ·

这里的绝对（absolute）是相对于自己的，相对（relative）是相对于"父亲"的。

什么叫作"偏移前的位置保留不动"呢？

我们可以做一个实验，在右侧代码编辑器<div id="div1">的后面加入一个<span>标签，并在<span>标签中写入一些文字，代码如下：

```
<body>
    <div id="div1"></div><span>偏移前的位置还保留不动，覆盖不了前面的 div 没有偏移前的位置
</span>
```

```
</body>
```

效果如图 4-13 所示。

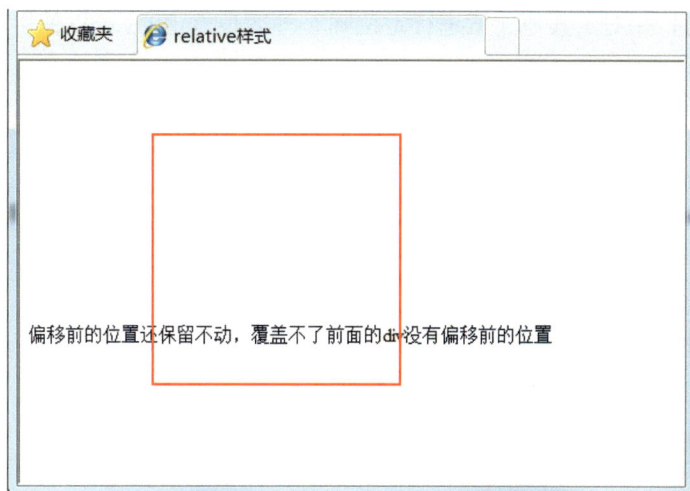

图 4-13　relative 样式示例效果

从效果图中可以明显地看出，虽然 div 元素相对于以前的位置产生了偏移，但是 div 元素以前的位置还保留着，所以后面的 span 元素显示在了 div 元素以前位置的后面。

4.5.3　层模型——固定定位

position:fixed 表示固定定位，与 position:absolute 定位类似，但它的相对移动的坐标是视图（屏幕内的网页窗口）本身。由于视图本身是固定的，它不会随浏览器窗口的滚动条的滚动而变化，除非在屏幕中移动浏览器窗口的屏幕位置，或改变浏览器窗口的显示大小，因此固定定位的元素会始终位于浏览器窗口内视图的某个位置，不会受文档流动的影响，这与"background-attachment:fixed；"属性功能相同。

在我们访问的一些页面中，有些像导航栏的内容一直处于固定状态。但是有的页面导航条没有设置固定定位，页面一滚动，所有的都跟着滚动。

position:fixed 是相对于整个 body 而言实现固定定位的。

把上述 2 号<div>标签的相对定位改为固定定位，浏览器中会出现如图 4-14 所示效果。

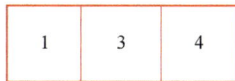

图 4-14　将 2 号<div>相对定位改为固定定位效果

4.5.4 relative、absolute、fixed 组合使用

绝对定位的方法：为元素使用 position:absolute 可以实现相对于浏览器（body）进行固定定位，那可不可以相对于其他元素进行定位呢？答案是肯定的。可以使用 position: relative 来实现，但是必须遵守下面规范。

（1）参照定位的元素必须是相对定位元素的前辈元素，代码如下：

```
<div class="div1"><!--参照定位的元素-->
    <div class="div2">相对参照元素进行定位</div><!--相对定位元素-->
</div>
```

从上面代码中可以看出 div1 是 div2 的父元素。

（2）参照定位的元素必须加入 position:relative，代码如下：

```
.div1{
    width:200px;
    height:200px;
    position:relative;
}
```

（3）定位元素加入 position:absolute，便可以使用 top、bottom、left、right 来进行偏移定位了，代码如下：

```
.div2{
    position:absolute;
    top:20px;
    left:30px;
}
```

这样 div2 就可以相对于父元素 div1 定位了（这里需要注意的是，参照物可以不是浏览器，可以自由设置）。

接下来看一下三种定位的组合属性，既然需要嵌套，我们就需要设置父容器，套两层 div 才有效。下面在<div>中写子容器，对父容器（名为 outer 的 div）设置样式，代码如下：

```
.outer{
    width:400;
    height:400;
    border:solid 5px blue;
    margin:auto;
    }
```

对子容器——名为 inner 的<div>设置样式，代码如下：

```
.inner{
    width:200px;
    height:200px;
    border:2px red solid;
    margin:auto;
        }
```

在浏览器中运行效果如图 4-15 所示。

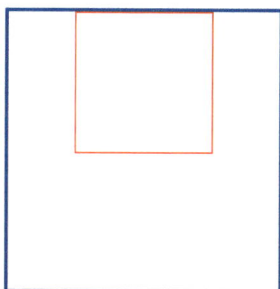

图 4-15　父容器嵌套子容器图

我们要的效果是子容器相对于父容器向下偏一点，因此需要为子容器设置样式"position: absolute;left:50px;top:50px;"。效果如图 4-16 所示。

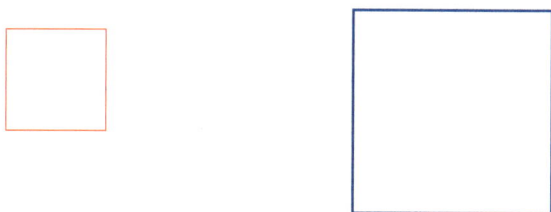

图 4-16　为子容器设置绝对定位

子容器相对于 body 进行了偏移，由此得出，absolute 属性与父容器无关。

当我们对父容器设置 fixed 定位，left：300px，子容器就可以跟着"跑"了。效果如图 4-17 所示。

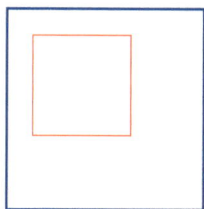

图 4-17　为父容器设置固定定位

对子容器设置 fixed 定位，子容器又回到原来的位置了。效果如图 4-18 所示。

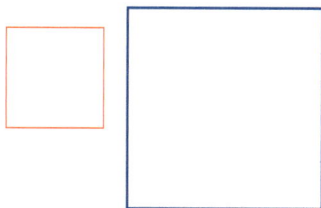

图 4-18　为子容器设置固定定位

因为只是相对于 body 元素进行设置的，因此只认"爷爷"辈的，跟"父亲"辈没关系。当然如果将子容器设置成 absolute 定位，则它就相对于父容器进行偏移了。

对子容器设置 position:inhernt，继承父容器的 position；父容器采用的是 fixed 定位，所以二级<div>也是 fixed 定位的，效果跟上述案例一致。

🌸 **案例拓展**

用层模型完成如图 4-19 所示效果。

图 4-19　米家互联网洗烘一体机效果图

HTML 代码如下：

```
<section class="banner">
        <div class="img_item"><img src="images/washer-dryer.jpg"></div>
        <div class="text-content">
                <h1>米家互联网洗烘一体机<span class="weight">10kg</span></h1>
                <p class="slogan">洗得净、烘得干，全家衣物一台就够了</p>
        <p class="description">国标最高 A+ 级洗净能力*｜ 21 种洗烘模式*｜ 智能空气洗｜ 烘干除
菌率达 99.9%+*<br>
                BLDC 变频节能，1400 高转速｜ 一级能效*</p>
        <div class="price"><span class="currentPrice">1899 元</span><del class="originalPrice">2299 元
</del></div>
                <div><a style="color:#000;" href="https://www.mi.com/static/jnbt">浙江居民节能补贴></a></div>
                <img class="item-auth" src="images/icon-rz.png">
                </div>
        </section>
```

CSS 关键代码如下：

```
.banner{
    position: relative;
}
.img_item img{
    width: 100%;
}
.text-content{
    width: 455px;
    height: 320px;
    position: absolute;
    color: #fff;
```

```
            left: 192px;
            top: 163px;
    }
    .text-content h1{
            color: #3f3f3f;
            font-size: 38px;
            font-weight: normal;
    }
    .text-content h1 .weight{
            color: #4e94c3;
            font-size: 16px;
            border-radius: 20%;
            border:2px solid #4e94c3;
            vertical-align: middle;
            margin-left: 10px;
            padding: 5px 5px;
    }
    .slogan{
            font-size: 22px;
            color: #3f3f3f;
            margin-top: 10px;
    }
    .description{
            font-size: 10px;
            color: #2e2e2e;
            margin-top: 14px;
    }
    .price{
            margin-top: 70px;
            margin-bottom: 17px;
            }
    .currentPrice{
            font-size: 38px;
            color: #4e94c3;
    }
    .originalPrice{
            font-size: 18px;
            margin-to: 20px;
            margin-left: 10px;
            color: #4e94c3;
    }
    .item-auth{
            width: 10%;
            margin-top: 20px;
    }
```

4.5.5　盒模型代码简写

在介绍盒模型时外边距（margin）、内边距（padding）和边框（border）（用于设置上、下、左、右四个方向的边距）是按照顺时针方向设置的，即上右下左。如下：

margin:20px 15px 13px 14px;/*上边距为 20px、右边距为 15px、下边距为 13px、左边距为 14px*/

通常盒模型代码有下面三种缩写方法。

（1）如果 top、right、bottom、left 的值都相同，如下面代码：

```
margin:20px 20px 20px 20px;
```

可缩写为：

```
margin:20px;
```

（2）如果 top 和 bottom 的值相同、left 和 right 的值相同，如下面代码：

```
margin:30px 15px 30px 15px;
```

可缩写为：

```
margin:30px 15px;
```

（3）如果 left 和 right 的值相同，如下面代码：

```
margin:30px 15px 20px 15px;
```

可缩写为：

```
margin:30px 15px 20px;
```

小提示：padding、border 的缩写方法和 margin 是一致的。

4.5.6　颜色值缩写

颜色的 CSS 样式也是可以缩写的，当设置的颜色是十六进制的色彩值时，如果每两位的值相同，可以缩写一半。

例子 1：

```
p{color:#000000;}
```

可以缩写为：

```
p{color: #000;}
```

例子 2：

```
p{color: #336699;}
```

可以缩写为：

```
p{color: #369;}
```

4.5.7　字体缩写

网页中的字体 CSS 样式代码也有它自己的缩写方式，下面是给网页设置字体的代码：

```
body{
    font-style:italic;
    font-variant:small-caps;
    font-weight:bold;
    font-size:12px;
    line-height:1.5em;
    font-family:"宋体",sans-serif;
}
```

这么多行的代码其实可以缩写为一句，如下所示：

```
body{
    font:italic  small-caps  bold  12px/1.5em  "宋体",sans-serif;
}
```

· 总结 ·

（1）使用这一缩写方式时，至少要指定 font-size 和 font-family 属性，其他的属性（如 font-weight、font-style、font-variant、line-height）如未指定将自动使用默认值。

（2）在缩写时 font-size 与 line-height 中间要加 "/" 斜扛。

一般情况下对于中文网站，英文还是比较少的，所以下面缩写代码比较常用：

```
body{
    font:12px/1.5em  "宋体",sans-serif;
}
```

4.5.8　颜色值

在网页中颜色设置是非常重要的，有字体颜色（color）、背景颜色（background-color）、边框颜色（border）等，设置颜色的方法也有很多种。

1. 英文命令颜色

前面几个小节中经常用到的就是这种设置方法：

```
p{color:red;}
```

2. RGB 颜色

这个与 Photoshop 中的 RGB 颜色设置是一致的，由 R(red)、G(green)、B(blue) 三种颜色的比例来配色，如：

```
p{color:rgb(133,45,200);}
```

每一项的值可以是 0~255 之间的整数，也可以是 0%~100% 的百分数。如：

```
p{color:rgb(20%,33%,25%);}
```

3. 十六进制颜色

这种颜色设置方法是现在比较普遍使用的方法，其原理其实也是进行 RGB 设置，但是其每一项的值由 0~255 变成了十六进制 00~ff。

```
p{color:#00ffff;}
```

配色图如图 4-20 所示。

图 4-20　配色图

4.5.9　长度值

长度单位目前比较常用的有 px（像素）、em、%（百分比），要注意其实这三种单位都是相对单位。

1. 像素

像素为什么是相对单位呢？因为像素指的是显示器上的小点（CSS 规范中假设"90 像素=1 英寸"），实际情况是浏览器会使用显示器的实际像素值，目前大多数的设计者都倾向于使用像素（px）作为单位。

2. em

em 就是本元素给定字体的 font-size 值，如果元素的 font-size 为 14px，那么 1em = 14px；如果 font-size 为 18px，那么 1em = 18px，代码如下：

```
p{font-size:12px;text-indent:2em;}
```

上面代码可以实现段落首行缩进 24px（也就是两个字体大小的距离）。

在此，要注意一个特殊情况，当给 font-size 设置单位为 em 时，此时计算的标准以 p 的父元素的 font-size 为基础。

HTML 部分代码如下：

```
<p>以这个<span>例子</span>为例。</p>
```

CSS 部分代码如下：

```
p{font-size:14px}
span{font-size:0.8em;}
```

结果 span 中的"例子"字体大小就为 11.2px（14×0.8 = 11.2px）。

3. 百分比

例如，代码：

```
p{font-size:12px;line-height:130%}
```

表示设置行高（行间距）为字体的 130%（12×1.3 = 15.6px）。

4.6　行内元素与块状元素

HTML 可以将元素分为行内元素、块状元素和行内块状元素三种。首先需要说明的是，这三者是可以互相转换的，使用 display 属性能够将三者任意转换：

- "display:inline"，转换为行内元素。
- "display:block"，转换为块状元素。
- "display:inline-block"，转换为行内块状元素。

4.6.1　行内元素

行内元素最常使用的就是<span>、<a>标签，其他的只在特定功能下使用，如修饰字体用<b>和<i>标签。行内元素的特点有：

（1）设置的宽高属性无效。

（2）对于 margin，仅设置左右方向属性有效，上下方向属性无效；对于 padding，设置上下左右方向属性都有效，即会撑大空间。

（3）不独占一行。

4.6.2　块状元素

块状元素代表性的就是 div，其他如 p、nav、aside、header、footer、section、article、ul-li、address 等，都可以用 div 来实现。

块状元素的特点有：

（1）可以定义宽高属性。

（2）对于 margin 和 padding，上下左右方向属性均对其有效。

（3）独占一行。

（4）多个块状元素标签写在一起，默认排列方式为从上至下排列。

4.6.3　行内块状元素

行内块状元素综合了行内元素和块状元素的特性，但是各有取舍。因此行内块状元素在日常使用中，使用的次数比较多。

行内块状元素的特点有：

（1）不自动换行。

（2）能够识别宽高。

（3）默认排列方式为从左到右排列。

这里有一个小技巧，将行内元素转换为行内块元素，可以直接用 float: left，或者 float:right 来实现。

扫一扫，获取源
代码以及素材包

案例拓展

行内元素转换为行内块元素效果如图 4-21 所示。

图 4-21　行内元素转换为行内块元素效果

HTML 部分代码：

```
<header>
        <div class="main">
                <img class="logoImg" src="images/logo.png">
                <nav>
                        <a href="#">首页</a>
                        <a href="#">关于我们</a>
                        <a href="#">课程体系</a>
                        <a href="#">教学就业</a>
                        <a href="#">新闻资讯</a>
                </nav>
                <img class="telImg" src="images/tel.png">
        </div>
    </header>
```

CSS 部分代码：

```
*{padding:0;border: 0;margin: 0;}
a{text-decoration: none;}
header{width: 100%;height: 77px;background: rgb(51,51,51);}
header .main{width: 1000px;margin: 0 auto;}
header nav{float: left;width: 500px;height: 77px;}
header .logoImg{margin-top:8px;float: left;}
header nav{width: 500px;margin-left: 50px; float: left;}
header nav a{width: 100px;height: 77px;display: block;float: left;text-align: center;line-height: 90px;color: #fff;font-size: 14px;}
        header .telImg{margin-top:17px;float: right;}
```

试一试：在这里，我们把<a>标签转换为块状元素来写，那如果转换为行内块状元素呢？

4.7　隐性改变 display 类型

有一个有趣的现象就是为元素（不论之前是什么类型元素，display:none 除外）设置以

下 两条语句之一的情况：

- position：absolute；
- float：left 或 float:right。

简单来说，只要 HTML 代码中出现以上两条语句之一，元素的 display 显示类型就会自动变为以 display:inline-block（块状元素）的方式显示，当然就可以设置元素的 width 和 height 属性了，且默认宽度不占满父元素。

如下面的代码，<a>标签是行内元素，所以设置它的 width 属性是没有效果的，但是将其设置为 position:absolute 以后，就可以了：

```
<div class="container">
    <a href="#" title="">购买</a>
</div>
```

CSS 部分代码：

```
<style>
.container a{
    position:absolute;
    width:200px;
    background:#ccc;
}
</style>
```

第 5 章　居中设置

5.1　水平居中——块级元素水平居中

用法：margin:0 auto;

适用条件：用于确定宽块状元素，且对于浮动元素或绝对定位元素均无效。

试一试：实现如图 5-1 所示效果，红色盒子在浏览器中居中显示。

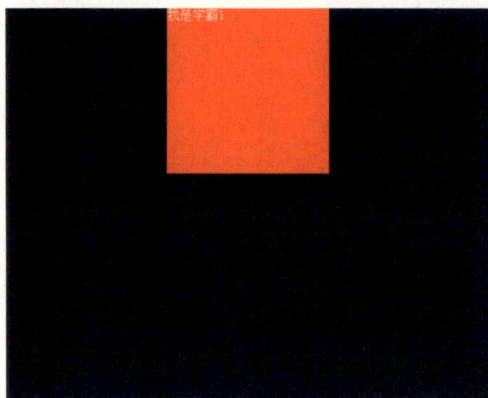

图 5-1　块状元素居中

CSS 关键代码如下：

```
.xueba1{
    width: 200px;    /*定宽*/
    margin: 0 auto;
    }
```

5.2　文字居中——行内元素水平居中

用法：　text-align: center;

适用条件：此方法对行内元素（inline）、行内块元素（inline-block）、行内表元素（inlinetable）、inline-flex 元素水平居中都有效。

　　注意：text-align 属性只能设置在块状元素上，用来控制块状元素内部的内容（包括文本图片），而不能直接在内容上（比如行内元素或者文本）进行设置。

　　试一试：实现如图 5-2 所示效果，要求实现图片和文字居中。

图 5-2　行内元素居中

核心代码如下：

```
.center-text {
    text-align: center;
}
```

5.3　固定高度的块状元素

　　我们知道居中元素的高度和宽度，那么处理垂直居中问题就很简单了。通过绝对定位元素距离顶部 50%，并设置 margin-top 向上偏移元素高度的一半，就可以实现垂直居中效果。

　　试一试：实现如图 5-3 所示效果，要求实现红色矩形在黑色矩形中垂直居中显示。

图 5-3　行内元素垂直居中

核心代码如下：

```
.parent {
    position: relative;
}
.child {
    position: absolute;
    top: 50%;
    height: 100px;
    margin-top: -50px;
}
```

5.4　文字垂直居中——单行内联(inline-)元素垂直居中

用法：通过使行内元素的高度（height）和行高（line-height）相等，从而使元素垂直居中。

适用条件：单行内联（inline-）元素垂直居中。

试一试：实现如图 5-4 所示效果，要求文字垂直居中显示。

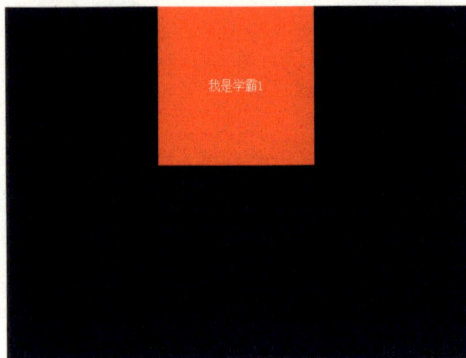

图 5-4　行内元素垂直居中

关键代码如下：

```
.v-center {
    height: 120px;
    line-height: 120px;
}
```

5.5　未知高度的块状元素

　　用法：当垂直居中的元素的高度和宽度未知时，我们可以借助 CSS3 中的 transform 属性向 *Y* 轴反向偏移 50%的方法来实现垂直居中效果，但是部分浏览器存在兼容性的问题。

核心代码如下：

```
.parent {
    position: relative;
}
.child {
    position: absolute;
    top: 50%;
    transform: translateY(-50%);
}
```

5.6　块状元素水平垂直居中

用法： 通过 margin 平移元素达到整体宽度的一半，使元素水平垂直居中显示。例如，"position: absolute; top:50%;margin-top:-100px；"。

适用条件： 固定宽高元素水平垂直居中显示。

核心代码如下：

```
.parent {
    position: relative;
}
.child {
    width: 300px;
    height: 100px;
    padding: 20px;
    position: absolute;
    top: 50%;
    left: 50%;
    margin: -70px 0 0 -170px;
}
```

利用相对定位和绝对定位居中效果如图 5-5 所示。

图 5-5　利用相对定位和绝对定位居中效果

第 6 章　弹性布局

2009 年，W3C 提出了一种新的方案——Flex 布局，可以简便、完整、响应式地实现各种页面布局。Flex 是 Flexible Box 的缩写，意为弹性布局。截至 2016 年 5 月，官方公布了最新且稳定的 Flex 布局规范标准。具体 Flex 发展史如图 6-1 所示。目前，它已经得到了所有浏览器的支持，这意味着，现在就能很安全地使用这项功能。

扫一扫，获取弹
性布局教学视频

弹性盒子是 CSS3 的一种新布局模式。CSS3 弹性盒（Flexible Box）是一种当页面需要适应不同的屏幕大小及设备类型时确保元素拥有恰当行为的布局方式。

它能够更加高效方便地控制元素对齐、排列，更重要的是能够自动计算布局内元素的尺寸，无论这个元素的尺寸是固态的还是动态的。设为 Flex 布局以后，子元素的 float、vertical-align 和 clear 属性将失效。

图 6-1　Flex 发展史

有人可能要问，为什么要使用 Flex 布局？

这里就要提到我们传统的布局解决方案，它主要基于 CSS 盒子模型，依赖 display、position、float 等属性。但是它对于一些特殊布局非常不方便，比如垂直居中。

而 Flex 布局可以很好地解决这个难题，它可以简便、完整、响应式地实现各种布局。

6.1　什么是弹性布局

弹性盒子由弹性容器（flex container）和弹性子元素（flex item）组成。

① 弹性容器：需要添加弹性布局的父元素。

② 弹性子元素：弹性布局容器中的每一个子元素，也称为项目；我们还需要了解两个

基本方向，这个涉及弹性布局的使用。

- 主轴（main axis）：在弹性布局中，我们会通过属性来规定水平/垂直方向为主轴。
- 交叉轴（cross axis）：与主轴垂直的另一方向，称为交叉轴。

主轴开始与结束的位置（与边框的交叉点），称为"main start"与"main end"。交叉轴开始与结束的位置，称为"cross start"与"cross end"，如图 6-2 所示。

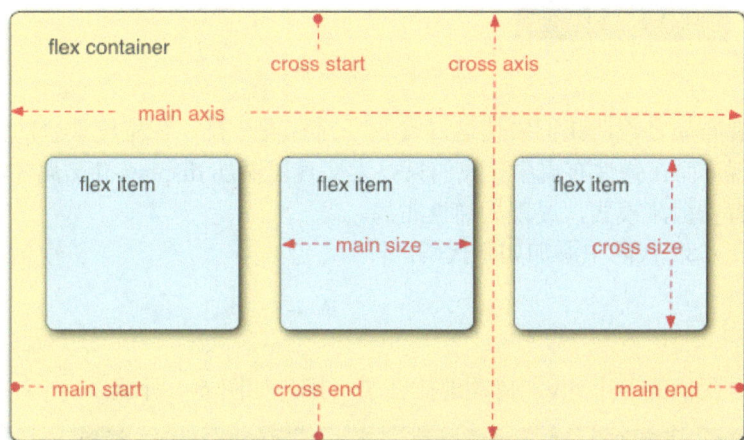

图 6-2　Flex 弹性盒模型

接下来，我们通过具体的实例，来学习弹性布局的使用。

以下代码，定义了标有编号 1～5 的 5 个盒子：

```
<div class="box">
            <div class="box1">1</div>
            <div class="box2">2</div>
            <div class="box3">3</div>
            <div class="box4">4</div>
            <div class="box5">5</div>
</div>
```

CSS 部分：

```
.box{
    height: 400px;
    background-color: #000;
    }
.box div{
    width: 400px;
    height: 100px;
    background-color: blue;
    color: white;
    font-size: 30px;
     }
```

网页效果如图 6-3 所示。

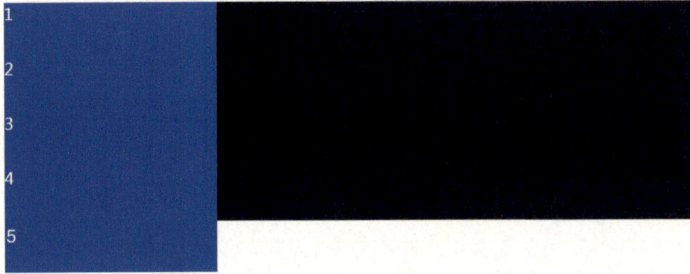

图 6-3　网页效果

在学习弹性布局之前，我们要使这 5 个盒子排在同一排，在宽度适合的情况下，需要利用浮动来实现。而在弹性布局中，我们只要为父容器添加 display: flex 属性，就可以让容器内部打破原有文档流模式，展现为弹性布局。

试一试：在 CSS 代码中添加如下代码。

```
display: flex;
```

可以发现，我们的 5 个 div，自动地排在了一排，如图 6-4 所示。

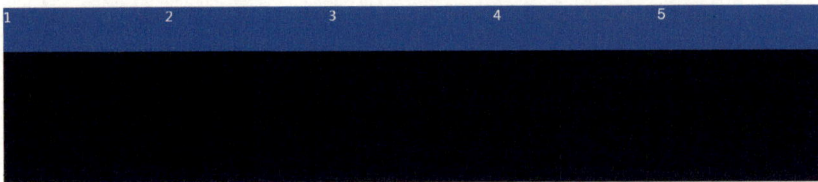

图 6-4　使用弹性布局后效果

为什么会出现这样的效果呢？这里我们就要谈到关于弹性布局的属性。弹性布局共有 12 个属性，分为两类，其中，6 个作用于父容器，6 个作用于子元素。接下来我们将对这 12 个属性展开讲解。

6.2　作用在父容器上的 6 个弹性布局属性

如表 6-1 所示的 6 个属性，是作用在父容器上的。

表 6-1　作用在父容器上的 6 个弹性布局属性汇总

属　性	描　述
flex-direction	指定弹性容器中子元素的排列方式
flex-wrap	设置弹性盒子的子元素超出父容器时是否换行
flex-flow	flex-direction 和 flex-wrap 的简写
justify-content	设置弹性盒子元素在主轴（横轴）方向上的对齐方式
align-items	设置弹性盒子元素在侧轴（纵轴）方向上的对齐方式
align-content	修改 flex-wrap 属性的行为，类似 align-items，但不是设置子元素对齐，而是设置行对齐

6.2.1　**flex**-direction 属性

flex-direction 属性用来指定弹性容器中子元素的排列方式，它决定了主轴的方向。它有 4 个属性值，如表 6-2 所示。它们所表现出的效果如图 6-5 所示。

扫一扫，获取 flex-direction 属性教学视频

表 6-2　flex-direction 属性值

序　号	值	描　述
1	row（默认值）	主轴为水平方向，起点在左端
2	row-reverse	主轴在水平方向，起点在右端
3	column	主轴为垂直方向，起点在上沿
4	column-reverse	主轴为垂直方向，起点在下沿

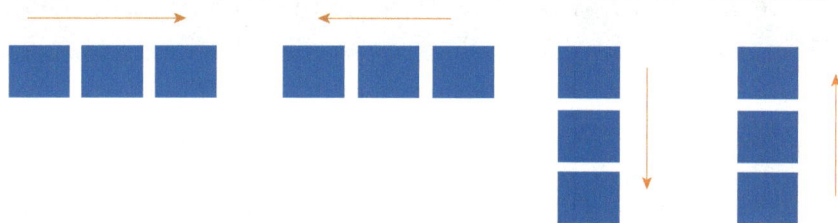

图 6-5　不同排列方式所带来的效果

6.2.2　flex-wrap 属性

flex-wrap 属性用于规定 Flex 容器是单行的还是多行的，同时横轴的方向决定了新行堆叠的方向。也就是说它用来设置弹性盒子的子元素超出父容器时是否换行。其属性值如表 6-3 所示。

扫一扫，获取 flex-wrap 属性教学视频

表 6-3　flex-wrap 属性值

值	描　述
nowrap（默认值）	当容器宽度不够时，每个项目会被挤压宽度
wrap	换行，并且第一行在容器的最上方
wrap-reverse	换行，并且第一行在容器的最下方

（1）nowrap：当容器宽度不够时，每个项目会被挤压宽度；效果如图 6-6 所示。

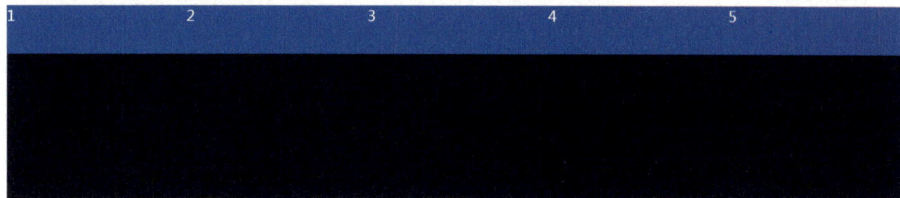

图 6-6　"flex-wrap:nowrap"使用效果

（2）wrap：换行，第一行在上方，效果如图 6-7 所示。

图 6-7　"flex-wrap:wrap" 使用效果

（3）wrap-reverse：换行，第一行在下方，效果如图 6-8 所示。

图 6-8　"flex-wrap: wrap-reverse" 使用效果

6.2.3　flex-flow 属性

flex-flow 是 flex-direction 和 flex-wrap 的缩写形式，默认值为：flex-flow: row nowrap，语法如下：

```
flex-flow: <flex-direction> || <flex-wrap>
flex-direction: row（默认值）  | row-reverse | column | column-reverse;
flex-wrap: nowrap（默认值）  | wrap | wrap-reverse;
```

扫一扫，获取 flex-flow 和 flex-content 属性教学视频

6.2.4　justify-content 属性

justify-content 属性用于定义项目在主轴上的对齐方式。justify-content 属性值如表 6-4 所示。为方便演示效果，我们在 HTML 代码部分，将盒子数减少为 3 个。

表 6-4　justify-content 属性值

值	描　　述
flex-start（默认）	子元素位于主轴起点，左对齐
flex-end	子元素位于主轴终点，右对齐
center	居中
space-between	两端对齐，项目之间的间隔都相等（开头和最后的项目，与父容器边缘没有间隔）
space-around	每个项目两侧的间隔相等，所以，项目之间的间隔比项目与边框的间隔大一倍（开头和最后的项目，与父容器边缘有一定的间隔）

（1）flex-start：子元素左对齐，效果如图 6-9 所示。

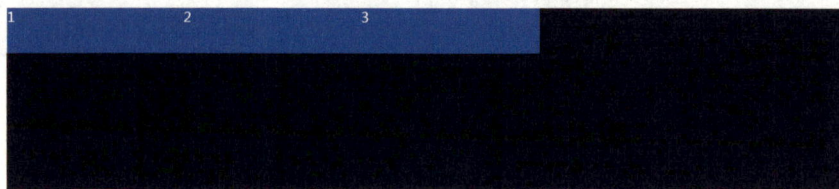

图 6-9　"justify-content: flex-start" 使用效果

（2）flex-end：子元素右对齐，效果如图 6-10 所示。

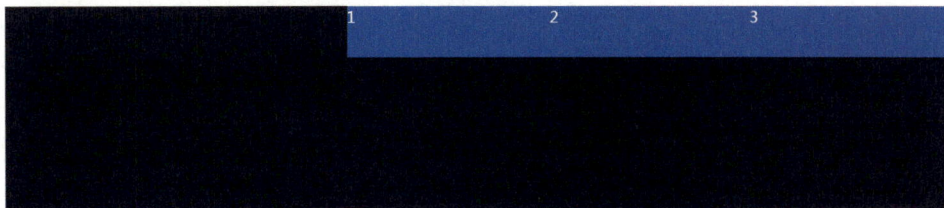

图 6-10　"justify-content: flex-end" 使用效果

（3）center：子元素居中，效果如图 6-11 所示。

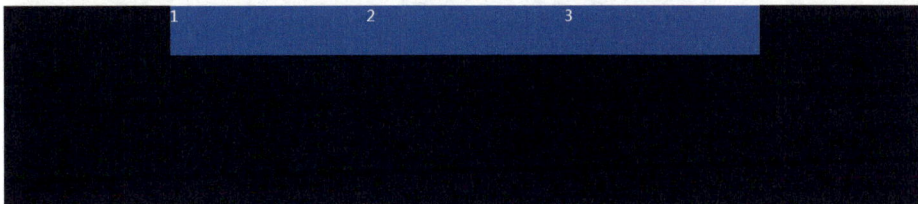

图 6-11　"justify-content: center" 使用效果

（4）space-between：子元素两端对齐，且两端没空隙，效果如图 6-12 所示。

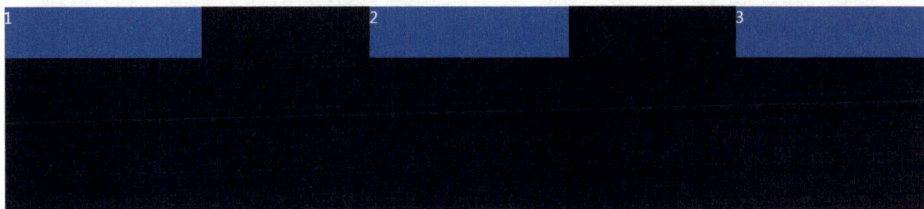

图 6-12　"justify-content: space-between" 使用效果

（5）space-around：每个子元素两侧的间隔相等，且两端空隙是中间的一半，效果如图 6-13 所示。

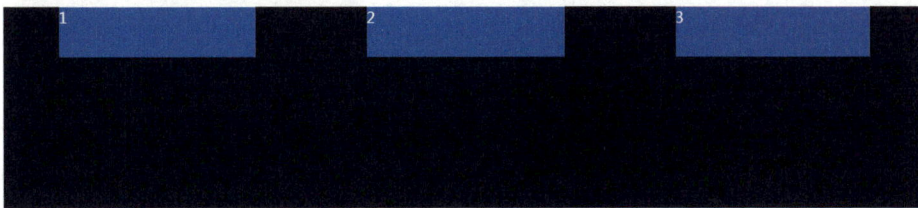

图 6-13　"justify-content: space-around" 使用效果

6.2.5　align-items 属性

align-items 属性用于定义项目在交叉轴上的对齐方式，如表 6-5 所示。

扫一扫，获取
align-items 和
align-content 属
性教学视频

表 6-5　align-items 属性

值	描　述
flex-start	交叉轴的起点对齐
flex-end	交叉轴的终点对齐
center	交叉轴的中点对齐
baseline	项目的第一行文字的基线对齐（文字的行高、字体大小会影响每行的基线）
stretch（默认值）	如果项目未设置高度或设为 auto，将占满整个容器的高度

（1）flex-start：交叉轴的起点对齐，效果如图 6-14 所示。

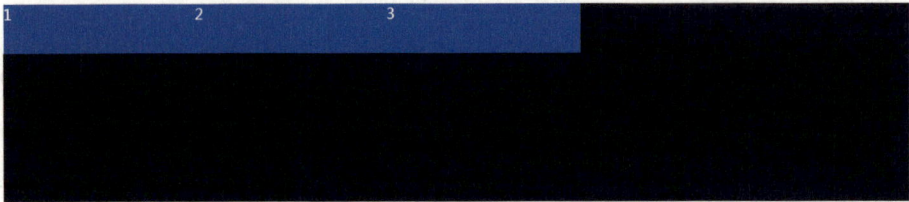

图 6-14　"align-items:flex-start" 使用效果

（2）flex-end：交叉轴的终点对齐，效果如图 6-15 所示。

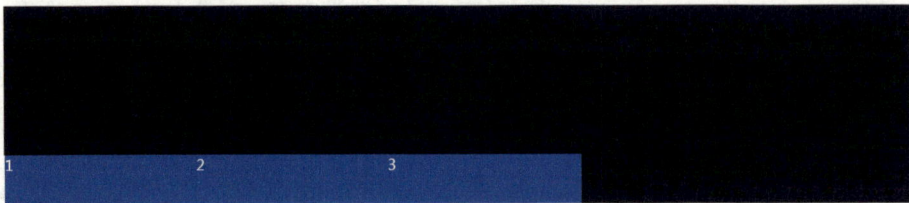

图 6-15　"align-items:flex-end" 使用效果

（3）center：交叉轴的中点对齐，效果如图 6-16 所示。

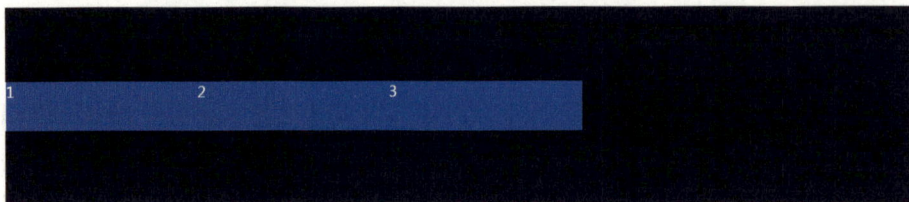

图 6-16　"align-items:center" 使用效果

（4）baseline：项目的第一行文字的基线对齐（文字的行高、字体大小会影响每行的基线）。我们把数字 1 大小设置成了 50px。因为字体变大，基线下移（红色为基线），所有 div 基线对齐，效果如图 6-17 所示

（5）stretch（默认值）：拉升，子项目不需要指定高度（我们在 CSS 代码中，注释了高度），效果如图 6-18 所示。

6.2.6　align-content 属性

align-content 属性用于定义控制容器内多行在交叉轴上的排列方式。这里要注意关键词"多行"，即要实现 align-content 效果，首先我们要修改以下属性为多行。

flex-wrap:wrap；

此时子元素呈现多行排列，网页效果如图 6-19 所示。

图 6-17 "align-items:baseline" 使用效果

图 6-18 "align-items:stretch" 使用效果

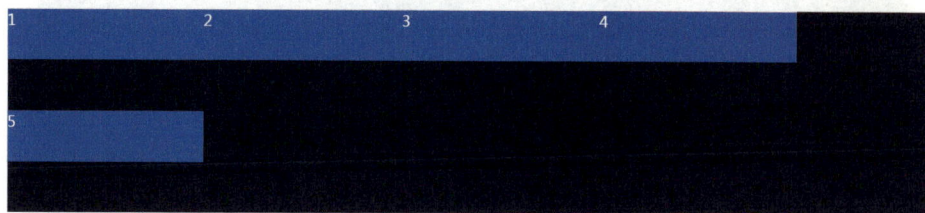

图 6-19 "flex-wrap:wrap" 网页效果

align-content 属性主要有 6 个属性值，如表 6-6 所示。

表 6-6 align-content 属性值

值	描 述
flex-start	与交叉轴的起点对齐
flex-end	与交叉轴的终点对齐
center	与交叉轴的中点对齐
space-between	与交叉轴两端对齐，轴线之间的间隔平均分布
space-around	每根轴线两侧的间隔都相等，所以，轴线之间的间隔比轴线与边框的间隔大一倍
stretch（默认值）	轴线占满整个交叉轴

（1）flex-start：与交叉轴的起点对齐，效果如图 6-20 所示。

（2）flex-end：与交叉轴的终点对齐，效果如图 6-21 所示。

（3）center：与交叉轴的中点对齐，效果如图 6-22 所示。

（4）space-between：与交叉轴两端对齐，轴线之间的间隔平均分布，效果如图 6-23 所示。

（5）space-around：每根轴线两侧的间隔都相等，所以，轴线之间的间隔比轴线与边框的间隔大一倍，效果如图 6-24 所示。

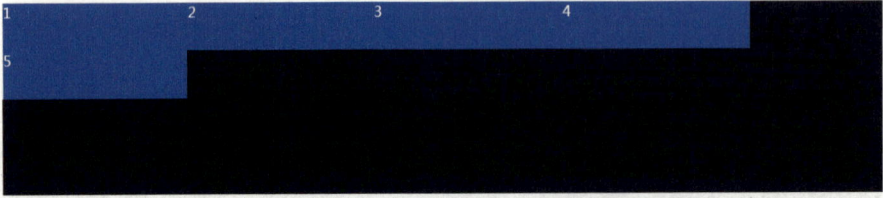

图 6-20   "align-content:flex-start" 使用效果

图 6-21   "align-content:flex-end" 使用效果

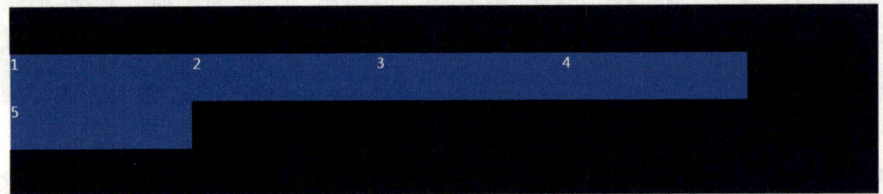

图 6-22   "align-content:center" 使用效果

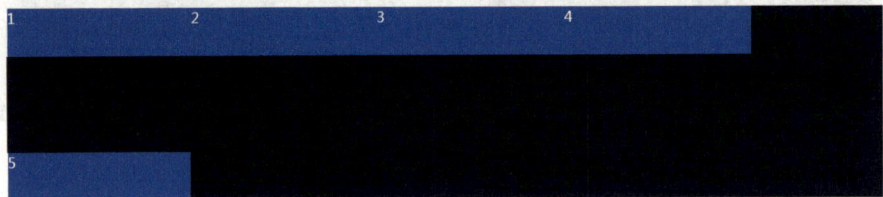

图 6-23   "align-content:space-between" 使用效果

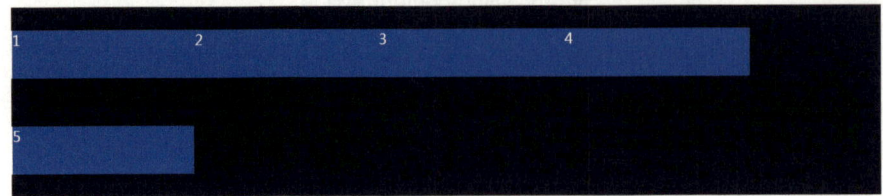

图 6-24   "align-content:space-around" 使用效果

（6）stretch（默认值）：子项目不需要指定高度（我们在 CSS 代码中，注释了高度），效果如图 6-25 所示。

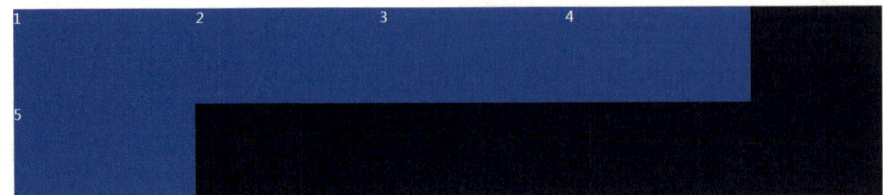

图 6-25   "align-content:stretch" 使用效果

6.3　作用在子元素上的 6 个弹性布局属性

以下代码，定义了编号 1～5 的 5 个盒子的宽度为 100px，采用弹性布局，并规定了父容器单行布局。关键代码如下：

```
.box{
    height: 400px;
    background-color: #000;
    display: flex;
    flex-direction: row;
    flex-wrap: nowrap;
    }
.box div{
    width: 100px;
    height: 100px;
    background-color: blue;
    color: white;
    font-size: 30px;
    }
```

效果如图 6-26 所示。

图 6-26　弹性布局网页效果

6.3.1　order 属性

order 属性用于定义子项目的排列顺序，数值越小，排列越靠前，默认为 0。

试一试：为第二个<div>添加以下代码。

```
.box div:nth-of-type(2){ order: 1;}
```

效果如图 6-27 所示，2 号<div>标签排到了最后。

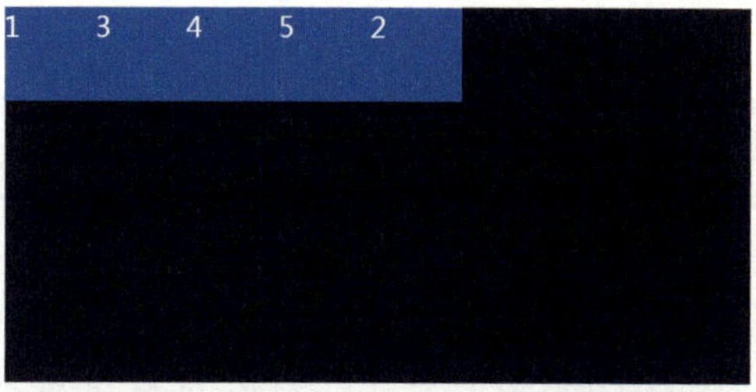

扫一扫，获取 orde、flex-grow 和 flex-shrink 属性教学视频

图 6-27　order 设置为 1 的效果

6.3.2 flex-grow 属性

flex-grow 属性用于定义子元素的放大比例，默认为 0，即如果存在剩余空间，也不放大。
把所有<div>的 flex-grow 分别设置为 1 和只设置 2 号 div 的 flex-grow 为 2，剩余 div 的
flex-grow 设置为 1，效果如图 6-28 所示。

图 6-28 不同的 flex-grow 设置效果

6.3.3 flex-shrink 属性

flex-shrink 属性用于定义项目的缩小比例，默认为 1，即如果空间不足，该子元素将缩
小；0 则为不缩小。

我们把 div 的宽度修改为 500px，浏览器中的效果如图 6-29 所示。这 5 个盒子的 flex-
shrink 默认为 1，当父元素空间不够时，所有子元素挤压宽度。

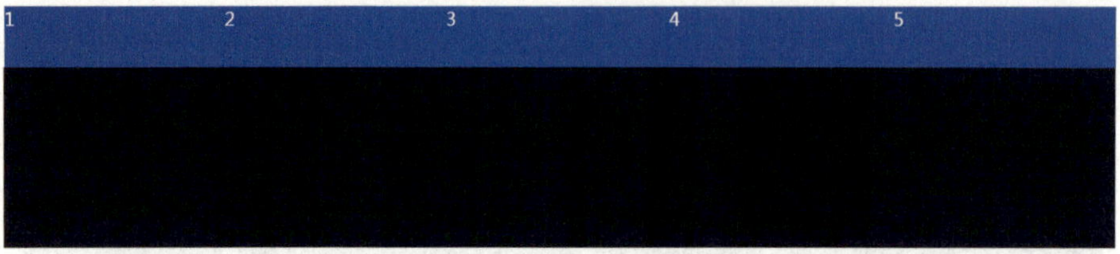

图 6-29 所有 div 的 flex-shrink 默认为 1 效果

当 2 号 div 的 flex-shrink 设置为 0 时，其余默认为 1。2 号 div 不受挤压，保持原本宽
度。其余 4 个 div 平分剩余空间。效果如图 6-30 所示。

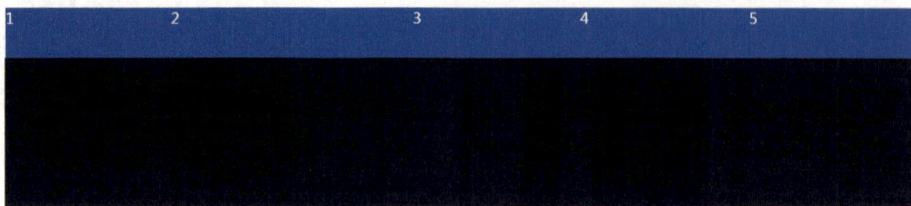

图 6-30 2 号 div 的 flex-shrink 设置为 0 的效果

当所有 div 的 flex-shrink 设置为 0 时，如宽度不够，起出部分的 div 将被挤压出父容
器，效果如图 6-31 所示。

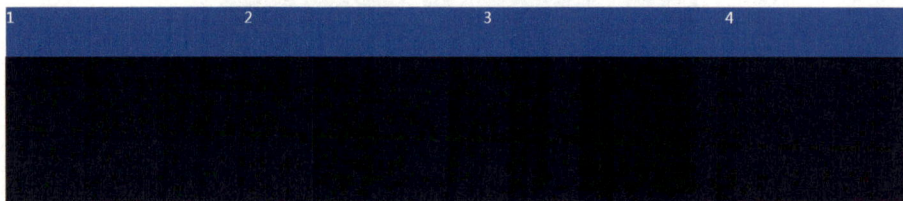

图 6-31 flex-shrink 设置为 0 的效果

6.3.4 flex-basis 属性

flex-basis 属性用于定义项目占据的主轴空间（如果主轴方向为水平方向，则设置这个属性相当于设置项目的宽度。原 width 将会失效）。其默认值为 auto，如果该项目未指定长度，则长度将根据内容决定。

试一试：为第二个 div 添加以下代码。

```
.box div:nth-of-type(2){ flex-basis: 200px;}
```

效果如图 6-32 所示。2 号盒子的宽度覆盖了它原本的宽度，变为 200px。

图 6-32　设置 flex-basis 为 200px

6.3.5 flex 属性

flex 属性是 flex-grow、flex-shrink 和 flex-basis 的简写，默认值为（0 1 auto），后两个属性可选。该属性有两个快捷值：auto（1 1 auto）和 none（0 0 auto）。

建议优先使用这个属性，而不是单独写三个分离的属性，因为浏览器会推算相关值。

试一试：以下两种写法是等同的。

写法 1：

```
.item {flex: 2 3 25px;}
```

写法 2：

```
.item {
    flex-grow: 2;
    flex-shrink: 3;
    flex-basis: 25px;
}
```

试一试：当 flex 取值为 none，则计算值为（0 0 auto），以下两种写法是等同的。

写法 1：

```
.item {flex: none;}
```

写法 2：

```
.item {
    flex-grow: 0;
    flex-shrink: 0;
    flex-basis: auto;
```

试一试：当 flex 取值为 auto，则计算值为（1 1 auto），以下两种写法是等同的。

写法 1：

```
.item {flex: auto;}
```

写法 2：

```
.item {
    flex-grow: 1;
    flex-shrink: 1;
    flex-basis: auto;
}
```

试一试：flex 取值为一个非负数字，则该数字为 flex-grow 值，flex-shrink 取 1，flex-basis 取 0%，以下两种写法是等同的。

写法 1：

```
.item {flex: 1;}
```

写法 2：

```
.item {
    flex-grow: 1;
    flex-shrink: 1;
    flex-basis: 0%;
}
```

试一试：当 flex 取值为两个非负数字，则分别视为 flex-grow 和 flex-shrink 的值，flex-basis 取 0%，以下两种写法是等同的。

写法 1：

```
.item {flex: 2 3;}
```

写法 2：

```
.item {
    flex-grow: 2;
    flex-shrink: 3;
    flex-basis: 0%;
}
```

试一试：当 flex 取值为一个非负数字和一个长度或百分比，则分别视为 flex-grow 和 flex-basis 的值，flex-shrink 取 1，以下两种写法是等同的。

写法 1：

```
.item {flex: 2333 3222px;}
```

写法 2：

```
.item {
    flex-grow: 2333;
    flex-shrink: 1;
    flex-basis: 3222px;
}
```

6.3.6 align-self 属性

align-self 属性允许单个项目有与其他项目不一样的对齐方式,可覆盖 align-items 属性,默认值为 auto,表示继承父元素的 align-items 属性,如果没有父元素,则等同于 stretch 属性。具体属性值如表 6-7 所示。

表 6-7 align-self 属性值

值	描　述
flex-start	交叉轴的起点对齐
flex-end	交叉轴的终点对齐
center	交叉轴的中点对齐
baseline	项目的第一行文字的基线对齐(文字的行高、字体大小会影响每行的基线)
stretch(默认值)	如果项目未设置高度或设为 auto,将占满整个容器的高度

试一试:为 CSS 添加如下代码:

```
.box div:nth-of-type(2){
    align-self: flex-end;
}

.box div:nth-of-type(3){
    align-self: center;
}

.box div:nth-of-type(4){
    align-self: baseline;
    font-size: 50px;
}

.box div:nth-of-type(5){
    align-self: baseline;
    font-size: 20px;
}
```

效果如图 6-33 所示。

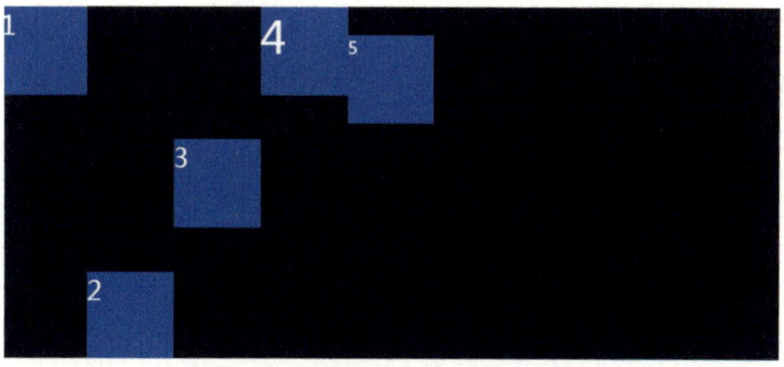

图 6-33 设置不同"align-self"的网页效果

6.4　关于弹性布局的总结

为了方便大家理解，根据起到的效果不同，弹性布局的 12 个属性还可以分为 3 类（见图 6-34）：

一类属性是用于掌管尺寸的（图中红色背景的几个），比如有 flex-direction、flex-wrap、flex-grow、flex-shrink 和 flex-basis。

一类属性是用于掌管对齐的（图中蓝色背景的几个），比如有 justify-content、align-items、align-content、flex-self。

一类属性是用于掌管顺序的，比如有 order。

其中，flex-flow 是 flex-direction 与 flex-wrap 的缩写。flex 是 flex-grow、flex-shrink 和 flex-basis 的缩写属性。

作用在父容器上	作用在子项目上
flex-direction	order
flex-wrap	flex-grow
justify-content	flex-shrink
align-items	flex-basis
align-content	flex-self

图 6-34　弹性布局属性总结

案例拓展

请利用弹性布局实现如图 6-35 所示效果。

扫一扫，获取素材包以及源代码

给程序员的职场情商课

风落几番 / 蚂蚁金服测试专家r

￥19.90 原价 ￥38.00 限时优惠

Web前端开发修炼指南

sh22n / 前携程高级前端工程师

￥46.00 原价 ￥58.00 限时优惠

实战派 MySQL 高阶应用指南

张勤一 / BAT 高级研发工程师

￥46.00 原价 ￥58.00 限时优惠

解锁前端面试体系核心攻略

修言 / 大型互联网公司业务线Owner

￥58.00 原价 ￥78.00 限时优惠

图 6-35　弹性布局案例拓展

HTML 关键代码如下：

```
<section class="main">
        <div class="course">
                <div class="course-read-book">
                    <img src="images/book-1.jpg">
                </div>
                <div class="course-read-container">
                    <h4>给程序员的职场情商课</h4>
                    <p class="author"><span class="aa">风落几番</span> / 蚂蚁金服测试专家
r</p>
                    <p class="price">￥19.90<del>原价 ￥38.00</del><span class="deal">限时优惠
</span></p>
                </div>
        </div>
        ……
</section>
```

CSS 关键代码如下：

```
.course{
    width: 600px;
    height: 300px;
    display: flex;    /*设置父容器为弹性布局*/
    align-items: center;
    overflow: hidden;
    float: left;
    margin: 5px;
    transition: all 0.3s;
}
.course-read-book{
    width: 240px;
    height: 100%;
    display: flex; /*设置该容器为弹性布局*/
    justify-content: flex-end;    /*子元素位于主轴终点，即书位于容器右侧*/
    align-items: center;/*使子项目垂直居中*/
}
.course-read-container{
    width: 360px;
    height: 200px;
    display: flex; /*设置该容器为弹性布局*/
    flex-direction: column; /*设置主轴为垂直方向*/
    justify-content: space-around;/*设置子项目周围留有空白*/
}
```

第 7 章　Bootstrap

Bootstrap 是目前最受欢迎的前端框架。它是基于 HTML、CSS、JavaScript 的，它简洁灵活，使得 Web 开发更加快捷。Bootstrap 是由 Twitter 的 Mark Otto 和 Jacob Thornton 开发的，于 2011 年 8 月在 GitHub 上发布开源产品。Bootstrap 提供了优雅的 HTML 和 CSS 规范，它由动态 CSS 语言 Less 写成。

7.1　什么是栅格系统

可能有人会问什么是栅格系统？它与 Boostrap 有什么关系？

网页设计中的栅格系统以规则的网格阵列来指导和规范网页中的版面布局及信息分布。

网页栅格系统是从平面栅格系统中发展而来的。对于网页设计来说，栅格系统的使用，不仅可以让网页的信息呈现更加美观易读，更具可用性，而且，对于前端开发来说，网页将更加灵活与规范。

在网页设计中，我们把宽度为"W"的页面分割成 n 个网格单元"a"，每个单元与单元之间的间隙设为"i"，此时我们把"$a+i$"定义为"A"。它们之间的关系如图 7-1 所示。

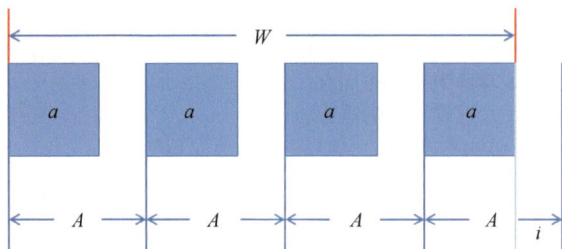

图 7-1　栅格系统计算原理

$$W = A \times n - i$$

栅格化是通过确定等分的单位宽度及单位宽度之间的间距，把单位宽度进行组合的一种排版方式。

而 Bootstrap 提供了一套响应式、移动设备优先的流式栅格系统，随着屏幕或视口（Viewport）尺寸的增加，系统会自动分为最多 12 列。它包含了易于使用的预定义类，还有强大的 mixin 用于生成更具语义的布局。

这里有两点是需要注意的,首先 Bootstrap 是基于 HTML5 和 CSS3 开发的,同时兼容 jQuery,适用于移动端与 PC 端。其次,Bootstrap 提供了预定义样式风格,提供了调用的接口。

Bootstrap 的优点有:

(1) Bootstrap 的响应式 CSS 能够自适应于台式机、平板电脑和手机。

(2) 获得 jQuery 插件的支持。

(3) 获得 less 和 sass 的支持。

可登录 https://v3.bootcss.com/下载 Bootstrap,查看相关说明。

7.2　Bootstrap 包含的内容

Bootstrap 包含以下内容。

● 全局 CSS 样式:基本的 HTML 元素均可以通过 class 设置样式并得到增强效果,还有先进的栅格系统。

● 组件:拥有无数可复用的组件,包括字体图标、下拉菜单、导航、警告框、弹出框等。

● JavaScript 插件:jQuery 插件为 Bootstrap 的组件赋予了"生命",可以简单地一次性地引入所有插件,或者逐个引入到页面中。

● 定制:可以定制 Bootstrap 的组件、less 变量和 jQuery 插件来得到属于我们自己的版本。

在引入的 Bootstrap 包的 css 文件中,有如图 7-2 所示的 3 种结构的文件。其中.map 表示映射文件,.min.css 表示压缩文件。

图 7-2　文件结构

7.3　col-md-x

例如,代码"col-md-1","-1"表示一份。如果我们写成 col-md-4 呢?可以发现,每个数字占了 12 列中的 4 列,如图 7-3 所示。

```
<div class="row">
<div class="col-md-4">1</div>
<div class="col-md-4">2</div>
<div class="col-md-4">3</div>
</div>
```

图 7-3　分别占 1 列和 4 列的网格布局

栅格化布局,一共把页面分为 12 列。col-md-x 中的 x 表示 div 在 12 列中占了 x 列。如果我们要想把栏向右偏移,可以使用.offset 类,每个类增加相应栏数的左边外边距。

试一试：把 1 号盒子向右偏移 4 列，效果如图 7-4 所示。

```
<div class="col-md-offset-4">1</div>
```

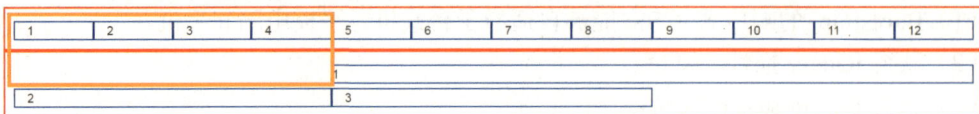

图 7-4　偏移 4 列的网格布局

offset 有点类似于 margin-left，只不过它的单位是列。col-md-offset-4 表示偏移了 4 列。这里要注意的是，row 只能嵌套在 col 中。

试一试：在 div 中，再放入一个一排 2 列的 div，效果如图 7-5 所示。

```
<div class="row">
<div class="col-md-8">1
<div class="row">
<div class="col-md-4">1</div>
<div class="col-md-8">2</div>
</div>
</div>
</div>
```

图 7-5　row 嵌套在 col 中

我们也可以利用 col-md-push-x 来表示偏移。

试一试：让 1 号 div 向右移动 7 格，效果如图 7-6 所示。

```
<div class="row">
<div class="col-md-5 col-md-push-7">1</div>
        <div class="col-md-5 col-md-pull-5">2</div>
</div>
```

图 7-6　col-md-push-7 效果

7.4　Bootstrap 网格系统（Grid System）的工作原理

Bootstrap 需要为页面内容和栅格系统包裹一个 .container 容器。.container 容器表示父容器，可为其设置样式。通过"行（row）"在水平方向上创建一组"列（column）"。内容应该放置在列内，且唯有列可以是行的直接子元素。

格式：

```
<div class="container">
      <div class="row">
      <div class="col-md-1">…..</div>
      </div>
    </div>
```

试一试：添加以下代码。

```
<style type="text/css">
.row{
border: 2px solid red;
        }
[class*="col-"]{
        border:1px solid blue;
        }
</style>
```

HTML 部分代码如下：

```
<div class="container">   <!-- 父容器 -->
<div class="row">      <!-- row 默认 12 列 -->
<div class="col-md-1">1</div>
              <div class="col-md-1">2</div>
              <div class="col-md-1">3</div>
              <div class="col-md-1">4</div>
              <div class="col-md-1">5</div>
              <div class="col-md-1">6</div>
              <div class="col-md-1">7</div>
              <div class="col-md-1">8</div>
              <div class="col-md-1">9</div>
              <div class="col-md-1">10</div>
              <div class="col-md-1">11</div>
              <div class="col-md-1">12</div>
        </div>
    </div>
```

效果如图 7-7 所示。

图 7-7   正常 div 的效果

我们在 HTML 部分引入以下代码：

```
<link rel="stylesheet" type="text/css" href="bootstrap-3.3.7-dist/css/bootstrap.min.css">
```

从这里可以看出，Bootstrap 使用了响应式 12 栏（12 列）网格布局。引入 Boostrap 后的 div 排列效果如图 7-8 所示。

图 7-8   响应式 12 栏网格布局 1

那有人可能会问，如果再增加下列代码，会显示几列呢？

```
<div class="col-md-1">13</div>
```

根据 Boostrap 最多会分成 12 列的原理，当我们加入第 13 个 div 后，它会自动从第二排开始排列，效果如图 7-9 所示。

1	2	3	4	5	6	7	8	9	10	11	12
13											

图 7-9　响应式 12 栏网格布局 2

这里要注意的是，Boostrap 只提供了一个大概的框架，我们对于样式的修饰，还是需要自己来完成的。

试一试： 为这 13 个盒子加入蓝色边框线与边距，并设置列的边距为 10px，效果如图 7-10 所示。

```
.row{
border: 2px solid red;
padding: 10px;
}
 [class*="col-"]{
border:1px solid blue;
margin-top: 5px;
}
```

1	2	3	4	5	6	7	8	9	10	11	12
13											

图 7-10　修饰后的网格布局

注意： 列通过内边距（padding）来创建列内容之间的间隙。

7.5　栅格参数

通过表 7-1 可以详细查看 Bootstrap 的栅格系统是如何在多种屏幕设备上工作的。

表 7-1　栅格参数

	超小屏幕 手机 (<768px)	小屏幕 平板 (≥768px)	中等屏幕 桌面显示器 (≥992px)	大屏幕 大桌面显示器 (≥1200px)
栅格系统行为	总是水平排列	开始是堆叠在一起的，当大于这些阈值时将变为水平排列 C		
.container 最大宽度	None（自动）	750px		1170px
类前缀	.col-xs-	.col-sm-	.col-md-	.col-lg-
列（column）数	12			
最大列（column）宽	自动	～62px	～81px	～97px
槽（gutter）宽	30px　（每列左右均有 15px）			
可嵌套	是			
偏移（offsets）	是			
列排序	是			

其实栅格参数就是我们之前学的响应式布局。打开 Boostrap 进行查看，如图 7-11 所示

部分，它已经为我们定义好了相关的参数。

```
@media screen and (min-width: 768px) {
  .jumbotron {
    padding-top: 48px;
    padding-bottom: 48px;
  }
  .container .jumbotron,
  .container-fluid .jumbotron {
    padding-right: 60px;
    padding-left: 60px;
```

图 7-11　在 Boostrap 中的响应式布局参数

试一试：输入以下代码，会发现在不同屏幕上，它们会呈现不一样的效果。在大屏幕上，这 3 个 div 呈现在一排，如图 7-12 所示。在中等屏幕上，它们呈现一个 div 占 2 列的效果，3 个 div 总共占据 6 列，如图 7-13 所示。在小屏幕和超小屏幕上，分别各占据了一半和一排，效果如图 7-14 所示。

```
<div class="container">
<div class="row">
<div class="col-lg-4 col-md-2 col-sm-6 col-xs-12">1</div>
<div class="col-lg-4 col-md-2 col-sm-6 col-xs-12">2</div>
<div class="col-lg-4 col-md-2 col-sm-6 col-xs-12">3</div>
</div>
</div>
```

图 7-12　大屏幕上的显示效果

图 7-13　中等屏幕上的显示效果

图 7-14　分别在小屏幕和超小屏幕上的显示效果

关键代码如下：

```
<div class="container">
<div class="row" id="header">
<div class="col-lg-8 col-md-6 col-sm-4 col-xs-12"  id="header-left">Welcome</div>
<div class="col-lg-4 col-md-6 col-sm-8 col-xs-12" id="header-right">select<span class="caret"></span>
</div>
</div>
</div>
```

第 8 章　JavaScript 基础

8.1　JavaScript 脚本的位置

JavaScript 脚本，通常放在页面的三个位置。

第一个位置是 head 头部，代码如下：

```html
<head>
    <title></title>
    <link rel="stylesheet" type="text/css" href="css/style.css">
    <script type="text/javascript">
        alert("hello world");
    </script>
</head>
```

第二个位置是 body 的尾部，代码如下：

```html
<html>
</body>
……（此处省略 HTML 部分代码）
<script type="text/javascript" src="js/scirpt.js"></script>
</body>
</html>
```

第三个位置是以事件的形式写在标签上，代码如下：

```html
<p onClick="javascript:alert('叫你点，你就点啊！')">点我点我！</p>
```

JavaScript 运行在 HTML 中，有三种引用方式。

第一种：引用外部远程 JavaScript 文件，代码如下：

```html
<script type="text/javascript" src="../js/jquery-1.8.3.js"></script>（相对路径）
```

或者是

```html
<script src="http://common.cnblogs.com/script/jquery.js" type="text/javascript"></script>（绝对路径）
```

第二种：直接写在页面上，代码如下：

```
<script type="text/javascript">
        confirm("你是否放弃保存");
    </script>
```

第三种：在 JavaScript 代码中引用外部 JavaScript，代码如下：

```
<script>
        ……
        script.src = "http://common.cnblogs.com/script/jquery.js";
            }
    </script>
```

8.2　三个弹框

JavaScript 有著名的三个弹框，分别是 alert()、confirm()和 prompt()。

8.2.1　alert()

alert()是警告消息框，alert()方法有一个参数，即希望显示给用户的文本字符串。该字符串不是 HTML 格式的。该消息框还提供了一个"确定"按钮让用户关闭该消息框，并且该消息框是模式对话框，也就是说，用户必须先关闭该消息框然后才能继续操作。

此网页显示：　　　　　　　　　　×

欢迎！请按"确定"继续。

确定

图 8-1　alert 弹框效果

试一试：在 JavaScript 中输入 window.alert(" 欢迎！请按"确定"继续。")，将会出现如图 8-1 所示效果。

8.2.2　confirm()

confirm()是确认消息框。confirm() 方法用于显示一个带有指定消息和"确定"及"取消"按钮的对话框。使用确认消息框可向用户问一个"是或否"问题，并且用户可以单击"确定"按钮或者单击"取消"按钮。confirm()方法的返回值为 true 或 false。该消息框也是模式对话框：用户必须响应该对话框（单击一个按钮）并将其关闭后，才能进行下一步操作。

试一试：输入以下代码并查看显示的效果。

```
var tips= window.confirm("单击"确定"继续。单击"取消"停止。");
    if (tips) {
        window.alert("hello world");
        } else
            window.alert("再见啦！");
```

8.2.3　prompt()

prompt()为输入消息框，输入消息框提供了一个文本字段，用户可以在此字段内输入一个答案来响应你的提示。该输入消息框有一个"确定"按钮和一个"取消"按钮。如果你提供了一个辅助字符串参数，则输入消息框将在文本字段显示该辅助字符串作为默认响应，否则，默认文本为 "<undefined>"。 与 alert()和 confirm()方法类似，prompt()方法也将显示一个模式消息框。用户在继续操作之前必须先关闭该消息框。例如：

```
var theResponse = window.prompt("欢迎？","请在此输入您的姓名。");
```

试一试：在 JavaScript 中输入 "var theResponse = window.prompt("请在此输入您的姓名。");" 将会出现如图 8-2 所示效果。

图 8-2　prompt 输入消息框效果

8.3　创建一个简单的变量

要在 JavaScript 中声明变量，必须使用 var 语句来作为声明方式。同时，我们必须声明一个变量的名称，变量名称必须以字母、"$"或者下画线开头。变量的值用等号来声明，代码末行用英文分号来结束。声明两个及以上的变量时，可用英文逗号隔开，var 写一次就可以。声明变量有以下格式：

```
var m=5,
    n=6;
```

在给变量赋值时，如果值的数据类型为字符串，可以在变量内容前后加上英文引号或者双引号，代码如下：

```
var count= "我是数字 5";
```

· 总结 ·

在 JavaScript 中，变量是区分大小写的，如 count 和 Count 是两个不同的变量。

那可不可以不使用关键字 var，直接为某个变量名赋值呢？比如以下代码。

```
m=5;
```

大家会发现，这样写也不会出错，但在实际开发中，这属于不规范的写法。所以我们要尽可能使用关键字 var。除了使用 var 关键词，还可以用声明局部变量的 "let" 关键字，以及声明常量的 "const" 关键字，但这两个关键词比较少用。

8.4　基础函数

在 JavaScript 中，我们经常把所有功能性代码定义为相应的函数。这样可以使代码可读性更强。

定义函数需要使用 function 关键字。在 function 关键字后，要紧跟函数的名称（即函数的名字）。在其后，是函数的参数区域，我们用一对括号来表示这个区域。最后是函数的执行代码，我们用一对花括号来表示这个区域，具体格式如下：

```
function myFunction(var1,var2){
这里是要执行的代码
}
```

函数可以多次被调用，每调用一次函数，JavaScript 就执行一次花括号中的代码。函数的参数可以没有，也可以有一个，还可以有多个，最多可以达到 255 个。有的函数在执行后能够返回相应的结果，这被称为带有返回值的函数。需要返回的参数值用 return 关键字来加以声明，代码如下：

```
<script type="text/javascript">
    function test(id){
        return("我的学号是"+id);
    }
    console.log(test(1));   /*输出我的学号是 1*/
</script>
```

return 还有一个特殊的作用，即可以被使用在不返回值的函数中，相当于函数的终结者，函数执行到 return 语句时停止，不再往下执行，代码如下：

```
<script type="text/javascript">
    function test(){
        console.log("1");     /*打印输出 1*/
        return;
        console.log("2");
    }
        test();   /*调用 test()函数，最后结果只输出 1*/
</script>
```

在 JavaScript 中，函数还有可能是匿名的。这个时候，需要定义一个变量 test 来对应这个匿名函数。比如以下代码就利用了变量 test 来接收匿名函数：

```
var test=function(id){
            console.log(("我的学号是"+id));
        }
        test(1)   /*输出我的学号是 1*/;
```

案例拓展

完成的效果如图 8-3 所示。

扫一扫，获取
源代码

图 8-3　小练习效果图

参考代码：

```
<body>
        <p>获取文档标题：<button onclick="getTitle();">试一下!</button></p>
        <p>获取当前域名：<button onclick="getDomain();">试一下!</button></p>
        <p>获取页面 url：<button onclick="getURL();">试一下!</button></p>
        <p>获取页面 url：<button onclick="changeBgcolor();">试一下!</button></p>
    <script type="text/javascript">
        function getTitle(){
                var aa=document.title;
                // console.log(aa);
                window.alert(aa);
        }
        function getDomain(){
                var aa=document.Domain;
                window.alert(aa);
        }
        function getURL(){
                var aa=document.URL;
                window.alert(aa);
        }
        function changeBgcolor(){
                document.body.style.7r="red";
        }
    </script>
```

8.5　DOM 基础

接下来我们要学习如何使用 JavaScript 来操作 HTML 中的 DOM 结构。在这之前首先要了解下 JavaScript 的三个主要组成部分，即 ECMASCRIPT、DOM（文档对象模型）、BOM

（浏览器对象模型），如图 8-4 所示。

图 8-4 JavaScript 的三个主要组成部分

文档对象模型（Document Object Model，DOM），是 W3C 组织推荐的处理可扩展标志语言的标准编程接口。在网页上，组织页面（或文档）的对象被组织在一个树形结构中，用来表示文档中对象的标准模型就称为 DOM。HTML DOM 树如图 8-5 所示。

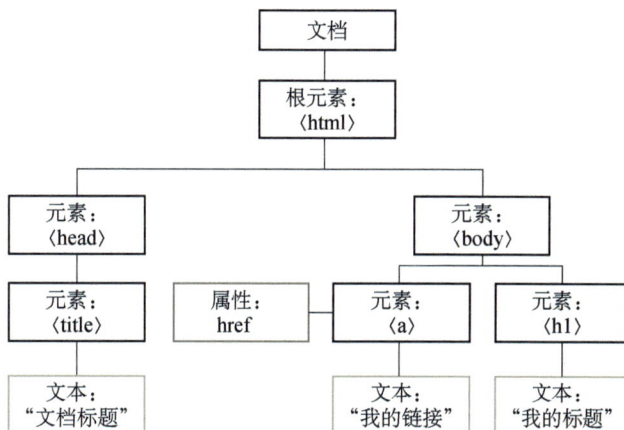

图 8-5 HTML DOM 树

在以下一段 HTML 部分代码中，定义了两个按钮：

```
<button id="btn1" class="btn">点我</button>
<button id="btn2" class="btn">点我</button>
```

那如何能够获取到这两个按钮呢？JavaScript 所要做的就是找到在 HTML 中的代码块，然后为它们添加交互行为。以上代码中，含有两个 button 元素，可以利用它的 id 属性来定位，代码如下：

```
var btn1=document.getElementById("btn1");
```

除了 getElementById()方法，JavaScript 还提供了如表 8-1 所示的其他元素的定位方式。

表 8-1 Java Script 提供的其他元素的定位方式

方 法 名	用 法
getElementsByClassName()	返回一个类似数组的对象，包括了所有 class 名字符合指定条件的元素
document.getElementsByTagName("p");	返回当前文档的所有 p 元素节点
getElementsByName()	用于选择拥有 name 属性的 HTML 元素
querySelectorAll()	用于返回匹配指定的 CSS 选择器的所有节点
createElement()	用于生成 HTML 元素节点
createTextNode()	用于生成文本节点，参数为所要生成的文本节点的内容
createAttribute()	用于创建一个指定名称的属性，并返回 Attr 对象属性
setAttribute()	用于创建或改变某个新属性，如果指定属性已经存在，则只设置该值

续表

方　法　名	用　　法
removeAttribute()	用于删除元素属性
innerHTML	用于设置或返回表格行的开始和结束标签之间的 HTML

知道了这么多关于元素的定位方法，接下来具体试一试吧。首先准备一段 HTML 代码如下：

```
<h1 id="title">鹅鹅鹅</h1>
<p id="author"></p>
<p class="content">鹅鹅鹅，</p>
<p class="content">曲项向天歌。</p>
<p class="content">白毛浮绿水，</p>
<p class="content">红掌拨清波。</p>
```

在 JavaScript 中输入以下代码：

```
var title=document.getElementById("title");
        console.log(title);
```

浏览器中的输出效果如图 8-6 所示。

如果要输出全部古诗的诗句，我们用 getElements ByClassName()方法，这个方法返回的是一个数组，需要用"[0]"来获取数组中的元素。这里要注意的是，数组是从 0 开始计数的，代码如下：

```
<h1 id="title">鹅鹅鹅</h1>
```

图 8-6　效果 1

```
var title=document.getElementsByClassName("content");
        console.log(title[0]);
        console.log(title[1]);
        console.log(title[2]);
        console.log(title[3]);
```

浏览器中的输出效果如图 8-7 所示。

```
<p class="content">鹅鹅鹅，</p>
<p class="content">曲项向天歌。</p>
<p class="content">白毛浮绿水，</p>
<p class="content">红掌拨清波。</p>
```

图 8-7　效果 2

```
<p class="content">曲项向天歌。</p>
```

图 8-8　效果 3

除了使用 id 和类名，我们还可以直接通过标签名来定位元素。如以下代码用于定位并输出第 3 个 p 元素：

```
var title=document.getElementsByTagName("p");

console.log(title[2]);
```

浏览器中的输出效果如图 8-8 所示。

如果想要添加元素的内容，比如添加作者，代码如下：

```
var author=document.getElementById("author");
author.innerHTML="骆宾王";
console.log(author);
```

可以看到在页面中，添加了作者"骆宾王"，如图 8-9 所示。

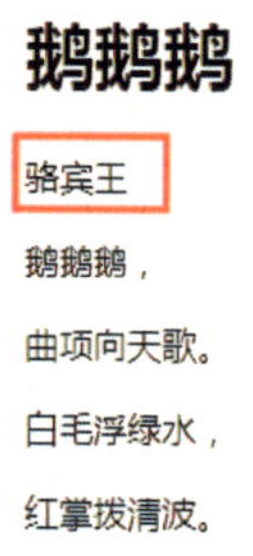

我们也可以使用 querySelectorAll()方法，获取类名为 content 的所有节点，并为匹配的第一个类名为 content 的元素（索引为 0）设置字体颜色为绿色，效果如图 8-10 所示，代码如下：

```
var content=document.querySelectorAll(".content");
content[0].style.color="green";
console.log(content);
```

鹅鹅鹅

骆宾王

鹅鹅鹅，

曲项向天歌。

白毛浮绿水，

红掌拨清波。

图 8-9　效果 4

也可以使用 querySelectorAll()方法来获取文档中所有的 p 元素的数量，代码如下：

```
var content=document.querySelectorAll("p");
console.log(content.length); /*输出 5*/
```

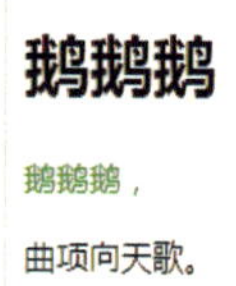

鹅鹅鹅

鹅鹅鹅，

曲项向天歌。

图 8-10　效果 5

我们还可以使用 querySelector() 方法返回匹配指定 CSS 选择器元素的第一个子元素。

8.6　DOM 事件处理

事件处理是 HTML 中交互的核心要素。我们通过 JavaScript 来对这些事件加以响应，完成页面与用户之间的交互。

首先以一个 button 元素作为例子，HTML 代码如下：

```
<button id="submit">提交</button>
```

我们为此按钮添加一个单击事件，实现的效果就是单击该按钮，出现弹框"你好"。关键代码如下：

```
<button onclick="alert('你好')">你好</button>
```

上面的代码直接在 HTML 中定义了元素的事件相关属性，这种写法违反了"事件与行为分离"的原则。所以我们一般会采用 DOM0 事件来处理，为元素只能绑定一个监听函数，在 JavaScript 中加入 onslick=function(){}函数，关键代码如下：

```
var btn=document.getElementById("btn");
btn.onclick=function(){}
```

但这种写法，同一个元素的同一个事件只能绑定一个函数，否则后面的函数会覆盖之前的函数。如果我们要为当前元素的某一事件行为绑定多个不同方法，这时候 DOM0 级事件显然是做不到的。这里向大家介绍高级事件处理方式——DOM2 级事件处理，采用 DOM2 级事件可以实现一个事件绑定多个监听函数，格式如下：

```
btn.addEventListener("click",function(){},false);
btn.attachEvent("onclick",function(){});    （IE 浏览器）
```

它们都有三个参数：第一个参数是事件名（如 click）；第二个参数是事件处理程序函数；第三个参数如果是 true 则表示在捕获阶段调用（可省略），为 false 表示在冒泡阶段调用。

DOM2 级事件定义了两个方法，用于处理指定和删除事件处理程序的操作。

● addEventListener：可以为元素添加多个事件处理程序，触发时会按照添加顺序依次调用。

● removeEventListener：不能移除匿名添加的函数。

下面总结 3 种绑定事件的写法，具体原理与优缺点见表 8-2。

表 8-2   3 种绑定事件原理与优缺点

事件类型	HTML 中定义	DOM0 级事件	DOM2 级事件
原理	HTML 中写 JavaScript 代码	为事件对象的属性添加绑定事件	通过 addEventListener 函数绑定事件
耦合程度	强耦合	松耦合	轻耦合，支持同一 DOM 元素注册多个同种事件 新增事件捕获和事件冒泡
缺点	不利于代码的复用	有且只能绑定一个事件类型	
推荐程度	不推荐	一般推荐	强烈推荐

拓展：为什么没有 DOM1 级事件？

1 级 DOM 标准于 1998 年 10 月 1 日成为 W3C 推荐标准。1 级 DOM 标准中并没有定义与事件相关的内容，所以没有所谓的 1 级 DOM 事件模型。在 2 级 DOM 中除了定义一些 DOM 相关的操作之外还定义了一个事件模型，这个标准下的事件模型就是我们所说的 2 级 DOM 事件模型。

8.6.1   DOM2 级事件详解

addEventListener() 方法用于向指定元素添加事件。具体参数见表 8-3。

语法：

```
element.addEventListener(event,function,useCapture)
document.addEventListener("click",function(){},false);
```

表 8-3   addEventListener 参数

参 数	描 述
event	必需，描述事件名称的字符串 注意：不要使用 "on" 前缀。例如，使用 "click" 来取代 "onclick"
function	必需，描述了事件触发后执行的函数 当事件触发时，事件对象会作为第一个参数传入函数。事件对象的类型取决于特定的事件。例如，"click" 事件属于 MouseEvent(鼠标事件) 对象
useCapture	可选，布尔值，用于指定事件是否在捕获或冒泡阶段执行。 可能值： true - 事件句柄在捕获阶段执行 false- 默认，事件句柄在冒泡阶段执行

8.6.2   事件冒泡

DOM 模型是一个树形结构，在 DOM 模型中，HTML 元素是有层次的。当一个 HTML

元素上产生一个事件时，该事件会在 DOM 树中元素节点与根节点之间按特定的顺序传播，路径所经过的节点都会收到该事件，这个传播过程就是 DOM 事件流。

当事件发生后，这个事件就要开始传播（从里到外或者从外向里）。为什么要传播呢？因为事件源本身（可能）并没有处理事件的能力，即处理事件的函数（方法）并未绑定在该事件源上。例如，我们单击一个按钮时，就会产生一个 click 事件，但这个按钮本身可能不能处理这个事件，事件必须从这个按钮传播出去，从而到达能够处理这个事件的代码中（例如，我们给按钮的 onclick 属性赋一个函数的名字，就是让这个函数去处理该按钮的 click 事件），或者按钮的父级绑定事件函数，当该单击事件发生在按钮上，按钮本身并无处理事件函数时，则传播到父级去处理。

DOM 事件标准定义了两种事件流，分别是事件捕获和事件冒泡。

事件捕获指的是从 Document 到触发事件的那个节点，即自上而下地去触发事件。相反地，事件冒泡则自下而上地去触发事件。

试一试：输入以下代码，会先弹出 "hello parent" 还是 "hello child"？

```
var parent=document.getElementById("parent");
var child=document.getElementById("child");
parent.addEventListener("click",function(){alert("hello parent");},false);
child.addEventListener("click",function(){alert("hello child");},false);
```

因为事件冒泡是从下往上执行的，所以最先出现的是 "hello child" 弹框，如图 8-11 所示。

图 8-11　冒泡事件

而事件捕获则从 document 到触发事件的那个节点，即自上而下地去触发事件。将以上代码中的 false 改成 true，则最先出现的是 "hello parent" 弹框，如图 8-12 所示。

图 8-12　捕获事件

8.6.3　事件委托

当有多个类似的元素需要绑定事件时，一个一个地去绑定既浪费时间，又不利于性能，这时候就可以用到事件委托，给它们的一个共同父级元素添加一个事件函数去处理所有的事件情况。这里会用到 target 事件属性。target 事件属性可返回事件的目标节点（触发该事件的节点），如生成事件的元素、文档或窗口。

语法：

```
event.target
```

参数：target，目标节点，单击谁，谁就是目标。target 事件属性如表 8-4 所示。

表 8-4　target 事件属性

属　性	获取事件触发
event.target.nodeName	获取事件触发元素标签 Name（li,p…）
event.target.id	获取事件触发元素 id
event.target.className	获取事件触发元素 className
event.target.innerHTML	获取事件触发元素的内容（li）

试一试： 实现如图 8-13 所示效果。要求鼠标单击什么颜色的按钮，页面就会显示什么颜色。

图 8-13　效果图

关键代码如下。

HTML 部分：

```
<div class="bgColor" id="bgColor"></div>
    <ul id="ul">
        <li>红色</li>
        <li>黑色</li>
        <li>蓝色</li>
        <li>黄色</li>
        <li>绿色</li>
    </ul>
</div>
```

JavaScript 部分：

```
<script type="text/javascript">
    var ul=document.getElementById("ul");
    var li=document.getElementsByTagName("li");
    var bgColor=document.getElementById("bgColor");
    // console.log(li);
    ul.addEventListener("click",function(e){
        var li=e.target;
        if(li.innerHTML=="红色")
            bgColor.style.backgroundColor="red";
        else if(li.innerHTML=="黑色")
            bgColor.style.backgroundColor="black";
        else if(li.innerHTML=="蓝色")
            bgColor.style.backgroundColor="blue";
        else if(li.innerHTML=="黄色")
```

```
            bgColor.style.backgroundColor="yellow";
        else if(li.innerHTML=="绿色")
            bgColor.style.backgroundColor="green";
    },true);
```

8.7　绑定事件

常见的鼠标事件有 7 个，如表 8-5 所示。

表 8-5　鼠标事件

鼠标事件	说　明
onload	页面加载时触发
onclick	鼠标单击时触发
onmouseover	鼠标划过时触发
onmouseout	鼠标离开时触发
onfoucs	获得焦点时触发
onblur	失去焦点时触发
onchange	域中的内容改变时触发

8.7.1　onload 事件

onload 事件在页面内容加载完成之后会立即执行相应的函数。

试一试：在 head 部分，写入以下代码，会出现什么效果。

```
<!DOCTYPE html>
<html>
<head>
    <title>绑定事件</title>
    <script type="text/javascript">
        var box=document.getElementById("box");
        var clicked=function(){
                alert("我被点击了");
        }
        box.onclick=clicked;
    </script>
</head>
<body>
    <div id="box">我是一个盒子</div>
</body>
</html>
```

可以发现，在浏览器中，会出现报错提示，如图 8-14 所示。

这是为什么呢？HTML 中的代码是按从上到下的顺序被执行的。在此代码中，执行到第 7 行，如图 8-15 所示，获取一个 id 为 box 的元素。但当前并没有 id 为 box 的元素，所以元素取不到值。那怎么来解决这个问题呢？这里有两种方法，第一种方法是把 JavaScript 脚本放到 body 的底部。第二种方法是用 onload()方法。

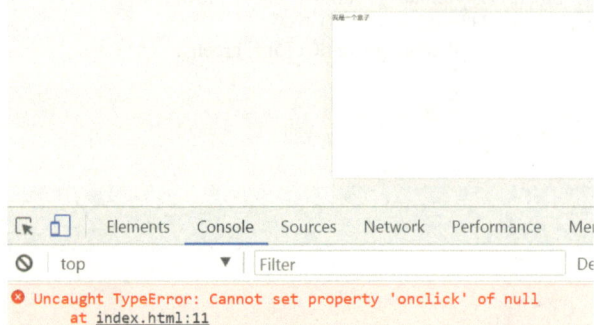

图 8-14　代码报错

```
1  <!DOCTYPE html>
2  <html>
3  <head>
4      <title>绑定事件</title>
5      <link rel="stylesheet" type="text/css" href="css/test.css">
6      <script type="text/javascript">
7          var box=document.getElementById("box");
8          var clicked=function(){
9              alert("我被点击了");
10         }
11         box.onclick=clicked;
12     </script>
13     </head>
14  <body>
15      <div id="box">我是一个盒子</div>
16
17  </body>
18
19  </html>
```

图 8-15　onload()方法

8.7.2　onclick

onclick 事件会在对象被单击时发生。

试一试：用鼠标单击按钮，按钮的颜色会变为蓝色，按钮上的文字也从"锁定"变成"解锁"，关键代码如下：

扫一扫，获取
鼠标单击 onclick
教学教程

```
<!-- HTML 部分 -->
.lock{
    width: 120px;
    height: 30px;
    background: red;
    border-radius:5px;
    font-size: 14px;
    margin-top: 30px;
}
.unlock{
    width: 120px;
    height: 30px;
    background: blue;
    border-radius:5px;
    font-size: 14px;
    margin-top: 30px;
}
<button class="lock" id="btn">锁定</button>

<!-- JavaScript 部分 -->
    <script type="text/javascript">
```

```
        var btn=document.getElementById("btn");
        btn.onclick=function(){
                this.className="unlock";
                this.innerHTML="解锁"
        }
```

如果要实现用鼠标单击后，按钮由"解锁"状态再变成"锁定"状态，关键代码如下：

```
<script type="text/javascript">
        var btn=document.getElementById("btn");
        btn.onclick=function(){
                if(this.className=="lock"){
                        this.className="unlock";
                        this.innerHTML="解锁";
                }else{
                        this.className="lock";
                        this.innerHTML="锁定";
                }
        }
</script>
```

继续优化上述代码，我们已经学过函数的知识，可不可以直接把按钮的状态封装成函数呢？关键代码如下：

```
<script type="text/javascript">
    var btn=document.getElementById("btn");

        function changeAttribute(){   /*封装函数*/
                if(this.className=="lock"){
                        this.className="unlock";
                        this.innerHTML="解锁";
                }else{
                        this.className="lock";
                        this.innerHTML="锁定";
                }
        }
    btn.onclick=changeAttribute;     /*函数调用*/
</script>
```

试一试： 为什么我们不把上述最后一句代码直接写成"btn.onclick=changeAttribute();"？大家试一下后会发现，如果写成这样，我们一刷新页面就会执行代码，所以可以把这个问题概括成为函数调用括号问题（有括号，一刷新就会执行），具体代码如下：

```
<button class="lock" id="btn">锁定</button>
    <script type="text/javascript">
        var btn=document.getElementById("btn");
                function clickBtn(){
                alert("我是按钮");
                }
        btn.onclick=clickBtn;
    </script>
```

·总结·

如果将代码换成"btn.onclick=clickBtn();"，则一刷新，就直接跳出弹框。

而如果换成"btn.onclick=clickBtn;"，则单击才会去执行代码。

8.7.3 onmouseover

onmouseover 事件会在鼠标指针移动到指定的对象上时触发。

试一试：鼠标滑过，按钮背景变成蓝色，文字变成白色，关键代码如下：

```
<button class="btn"  onmouseover="onmouseoverFn(this);">按我一下</button>
    <script type="text/javascript">
        function onmouseoverFn(btn){
                    btn.style.backgroundColor="blue";
                    btn.style.color="white";
        }
    </script>
```

扫一扫，获取鼠标 4 个事件教学视频

上述代码中有个 this，在事件触发的函数中，this 是指对该 DOM 对象的引用。

8.7.4 onmouseout

onmouseout 事件会在鼠标指针移出指定的对象时触发。

试一试：鼠标滑过，按钮背景颜色变成蓝色。鼠标离开，其颜色变为黄色，关键代码如下：

```
<button class="btn" onmouseover="onmouseoverFn(this,'blue');">按我一下</button>
<button class="btn" onmouseout="onmouseoutFn(this,'yellow');">按我一下</button>
    <script type="text/javascript">
        function onmouseoverFn(btn,color){      /*鼠标经过*/
                    btn.style.backgroundColor=color;
        }
        function onmouseoutFn(btn,color){      /*鼠标离开/
                    btn.style.backgroundColor=color;
        }
    </script>
```

注意：双引号里面用单引号。

🌲 **案例拓展**

完成如图 8-16 所示效果，鼠标滑过，红色矩形旋转变大。

扫一扫，获取源代码

图 8-16   鼠标滑过红色矩形旋转变大

8.7.5　onfoucs

onfocus 事件在对象获得焦点时触发。

试一试：用鼠标单击文本框，提示"请输入有效的手机号码"，关键代码如下：

```html
<head>
    <title>事件类型（onfocus 和 onblur）</title>
    <style type="text/css">
        .box{
            padding: 50px;
        }
        .left,.tip{
            float: left;
        }
        .left{
            margin-right:10px;
        }
        .tip{
            display: none;
            font-size: 14px;
        }
    </style>
    <script type="text/javascript">
        window.onload=function(){
            var phone=document.getElementById("phone"),
                tip=document.getElementById("tip");
            phone.onfocus=function(){
                tip.style.display="block";
            }

        }
    </script>
</head>
<body>
    <div class="box" >
        <div class="left">
            <input type="text" class="left" id="phone" placeholder="请输入手机号码">
        </div>
        <div id="tip" class="tip">请输入有效的手机号码</div>
    </div>
</body>
</html>
```

8.7.6　onblur

onblur 事件会在对象失去焦点时触发。

试一试：鼠标离开文本框，如果文本框输入的是手机号码，则加载名为"right.png"的图片。如果不是，则加载名为"wrong.png"的图片，关键代码如下：

```javascript
phone.onblur=function(){
    var phoneValue=this.value;
    if(phoneValue.length==11 && isNaN(phoneValue)==false){
    tip.innerHTML='<img src="images/right.png">';
    }else{
        tip.innerHTML='<img src="images/wrong.png">';
    }
}
```

8.7.7　onchange

onchange 事件会在域中的内容改变时触发。

试一试： 下拉框被选中时变色，关键代码如下：

```html
<!DOCTYPE html>
<html>
<head>
    <title>事件类型（onfocus 和 onblur）</title>
    <style type="text/css">
        .box{
            padding: 50px;
        }
        .left,.tip{
            float: left;
        }
        .left{
            margin-right:10px;
        }
        .tip{
            display: none;
            font-size: 14px;
        }
    </style>
</head>
<body>
    <div class="box" >
        <select name="" id="bgselect">
            <option value="">请选择</option>
            <option value="red">红色</option>
            <option value="yellow">黄色</option>
            <option value="green">绿色</option>
            <option value="blue">蓝色</option>
        </select>
    </div>
    <script type="text/javascript">
        var menu=document.getElementById("bgselect");
        menu.onchange=function(){
            var bgcolor=this.value;
            document.body.style.background=bgcolor;
        }
    </script>
</body>
</html>
```

· 总结 ·

（1）<option> 标签可以在不带有任何属性的情况下使用，但是通常需要使用 value 属性，此属性会指示被送往服务器的内容。

（2）请与 select 元素配合使用此标签，否则这个标签是没有意义的。

8.7.8　键盘事件与 KeyCode 属性

键盘事件由用户击打键盘触发，主要有 onkeydown、onkeypress、onkeyup 三个事件。具体定义和用法如下所示。

onkeydown：用户按下一个键盘上的按键（包括系统按钮）时触发。

　　onkeypress 在按下键盘上的任何数字、字母键时触发，但系统按钮（例如，箭头键、功能键）无法识别。

　　onkeyup：在键盘被松开时。

　　KeyCode：返回 onkeypress、onkeydown 或者 onkeyup 事件触发的键的值的字符代码或者键的代码。

　　键盘事件执行顺序：onkeydown、onkeypress、onkeyup。

　　试一试：完成如图 8-17 所示效果，要求判断文本框里还可以输入多少字符。

您还可以输入22/30

```
qwerrtyt
```

图 8-17　判断可以输入多少字符

关键代码如下：

```html
<!DOCTYPE html>
<html>
<head>
        <title>事件类型（onfocus 和 onblur）</title>
    <style type="text/css">
    </style>
</head>
<body>
    <p>您还可以输入<span id="count">30</span>/30</p>
    <div class="input">
        <textarea name="" id="text" cols="70" rows="4"></textarea>
    </div>
    <script type="text/javascript">
        var text=document.getElementById("text");
        var total=30;
        var count=document.getElementById("count");
        document.onkeyup=function(event){
            var len=text.value.length;
            var allow=total-len;
            count.innerHTML=allow;
            console.log(count);
        }
    </script>
</body>
</html>
<body>
    <p>您还可以输入<span id="count">30</span>/30</p>
    <div class="input">
        <textarea name="" id="text" cols="70" rows="4"></textarea>
    </div>
    <script type="text/javascript">
        var text=document.getElementById("text");
        var total=30;
        var count=document.getElementById("count");
        document.onkeyup=function(event){
            var len=text.value.length;
            var allow=total-len;
            count.innerHTML=allow;
            console.log(count);
        }
    </script>
</body>
```

8.8　正则表达式详解

1. 什么是正则表达式

正则表达式（英文为 Regular Expression，在代码中常简写为 regex、regexp 或 RE）使用单个字符串来描述，匹配一系列符合某个句法规则的字符串搜索模式。正则表达式作为一个模板，将某个字符模式与所搜索的字符串进行匹配。搜索模式可用于文本搜索和文本替换。

2. 为什么使用正则表达式

有人可能会问，为什么我们要使用正则表达式呢？在表单验证时，要准确地判断一个字符串是不是某种固定格式，比如邮箱的验证、手机号的验证等，试想一下，我们怎么能够避免恶意用户的乱输入呢？这个时候，正则表达式就起到了大作用。当然，除了可以验证数据的有效性，它还具有查找、替换方便等优点。总之，正则表达式有以下 3 个优点：查找方便；可以替换；支持数据有效性验证。

· 总结 ·

正则表达式都是用来匹配字符串的。

3. 创建正则表达式的两种方式

在 JavaScript 中创建对象有两种方式，第一种是字面量方式（我们也称为直接量的方式），第二种是构造函数方式。

（1）字面量方式。字面量方式使用双斜杠作为分隔符来直接定义，双斜杠之间包含的字符为正则表达式的字符模式，可以是字母、汉字、数字、空格、没有特殊含义的字符（如 @、#、$、!）。字符模式不使用引号，标志字符放在最后一个斜杠的后面。参数 attributes 是一个可选的修饰性标志，包括"i"、"g"和"m"，语法如下：

```
/ pattern / attributes
```

比如要来匹配字符串"i love js"中的字母"js"，我们可以直接用字面量方式，代码如下：

```
var str="i love js";
var pattern=/js/;
```

也可以用构造函数的方式。

（2）构造函数方式。pattern 是一个字符串，指定了正则表达式的模式或者其他正则表达式，然后构造函数 RegExp() + new，用 new 来实例化。这里要注意的是，构造函数的首字母要大写，语法如下：

```
new RegExp(pattern, attributes)
```

上面的案例，如果用构造函数的方式来实现，代码如下：

```
var str="i love js";
var pattern = new RegExp('js');
```

4. 字面量方式和构造函数方式的区别

首先正则表达式都是用来表达字符串的，采用字面量方式，简单直接但是不能变动。而采用构造函数方式可以传递参数，具体代码如下：

```
var pattern=/js/i;      /*简单直接但是不能变动*/
var pattern=new RegExp('js','i');   /*构造函数方式---- 可以传递参数*/
```

试一试：下面的代码，我们把匹配的字符"js"用参数"userInput"传进去：

```
var str="i love js";
var userInput="js";
var pattern=/userInput/;      /*不可取*/
pattern.exec(str);
```

其次采用字面量的方式，两斜杠之间不接收参数，浏览器输出"false"。如果我们用构造函数呢？浏览器则输出"true"，代码如下：

```
var str="i love js";
var userInput="js";
console.log(pattern.test(str));
```

5. 正则表达式方法

上述案例，我们实现了匹配字母"js"，但对于匹配的结果，我们没有进行输出。RegExp对象定义了多个方法，调用它们可以对字符串执行模式匹配操作。

（1）test()方法。test() 方法是一个正则表达式方法。

test() 方法用于检测一个字符串是否匹配某个模式，如果字符串中含有匹配的文本，则返回 true，否则返回 false。

以下实例用于搜索字符串中的字符"j"，代码如下：

```
var str="i love js";
var pattern=/j/;
console.log(pattern.test(str));
```

浏览器输出结果为"true"。

（2）exec()方法。exec() 方法也是一个正则表达式方法。

exec() 方法用于检索字符串中的正则表达式的匹配。

该函数返回一个数组，其中存放匹配的结果。如果未找到匹配，则返回值为 null。

以下实例用于搜索字符串中的字母 "j"，代码如下：

```
var str="i love js";
```

```
var pattern=/j/;
console.log(pattern.exec(str));
```

浏览器输出结果如图 8-18 所示。

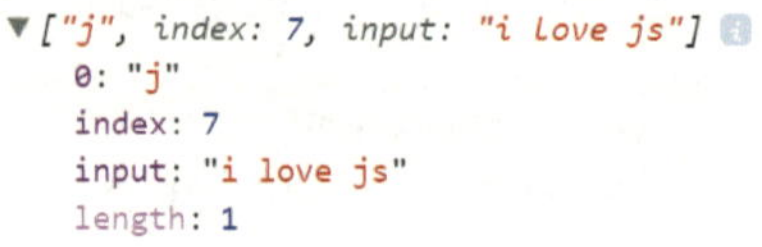

·总结·

返回数组的第 0 个元素是与正则表达式相匹配的文本。除了数组元素和 length 属性，exec()方法还返回如下两个属性。

```
▼["j", index: 7, input: "i love js"] ⓘ
    0: "j"
    index: 7
    input: "i love js"
    length: 1
```

图 8-18 输出结果

① index：匹配文本的第一个字符的位置。

② input：存放被检索的字符串。

那怎么匹配大小写呢？

JavaScript 正则表达式支持"g"、"i" 和 "m" 3 个模式修饰符，具体说明如表 8-6 所示。

表 8-6 模式修饰符

修 饰 符	描 述
i	执行对大小写不敏感的匹配（ignoreCase）
g	执行全局匹配（查找所有匹配而非在找到第一个匹配后停止）（global）
m	执行多行匹配（multipline）

以上 3 个修饰符分别指定了匹配操作的大小写、范围和多行行为，关键字可以自由组合，并且没有顺序方面的要求。以下 4 种写法和组合，都是可以的：

```
/J/ig
/J/igm
/J/im
/J/gi
```

试一试：要求匹配字符串"i lOve js SO much"里面所有的字母"o"，不区分大小写，代码如下：

```
var str=" i lOve js SO much ";
var pattern=/o/igm; /*正则表达直接量*/
console.log(pattern.test(str));
```

可以发现，test()方法匹配到第一个要匹配的字符串就返回结果。那如果我们要返回所有的字母"o"呢？那就要用到 match()方法。

8.9 字符串的方法

对字符串的处理有以下 4 种方法。

1. search()

search() 方法用于检索字符串中指定的子字符串，或检索与正则表达式相匹配的子字符串。返回值是字符串中第一个与正则相匹配的子字符串的起始位置。如果没有找到任何匹配的子字符串，则返回 -1。

试一试：匹配字符串"i love js"中的"1"。

```
var str="i love js";
var pattern=/l/;
console.log(str.search(pattern));
```

浏览器会打印输出 2。匹配到"1"的位置是位于字符串中的第 2 个位置。在 search 模式下，全局匹配（g）无效果。

2. match()

match() 方法可在字符串内检索指定的值，或找到一个或多个正则表达式的匹配结果。返回值是存放匹配结果的数组。该数组的内容依赖于 regexp 是否具有全局标志（g）。

试一试：匹配字符串"i love js"中的"js"。

```
var str="i love js js js";
var pattern=/js/;
console.log(str.match(pattern));
```

浏览器中的输出结果如图 8-19 所示。

如果要匹配到字符串中的全部"js"，则须改用全局匹配，把上述代码修改成：

```
var pattern=/js/g;
```

浏览器中输出结果如图 8-20 所示。

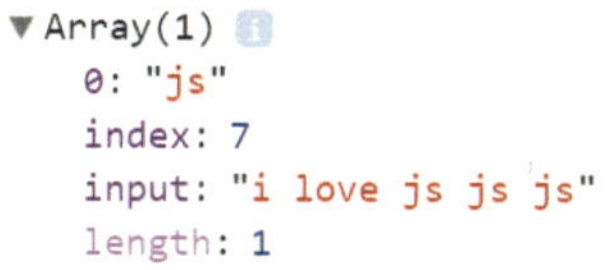

```
▼ Array(1) 🅑
    0: "js"
    index: 7
    input: "i love js js js"
    length: 1
```

图 8-19　输出结果 1

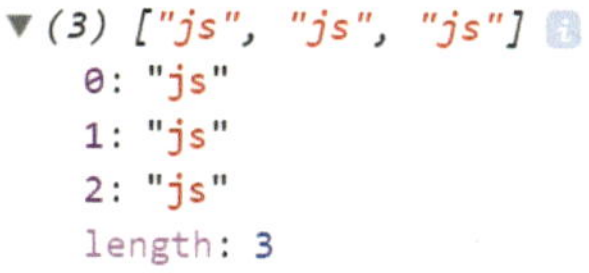

```
▼ (3) ["js", "js", "js"] 🅑
    0: "js"
    1: "js"
    2: "js"
    length: 3
```

图 8-20　输出结果 2

· 总结 ·

match()与 exec()很像，都可以把匹配的结果返回，它们的不同点在于是否对全局匹配有效果，具体说明如表 8-7 所示。

表 8-7　match()与 exec()的区别

match()	exec()
非全局的情况下才会返回分组中匹配到的内容，全局匹配只能匹配到所有匹配到的字符	无论是否全局匹配都会返回分组中匹配到的内容，都只会返回当前匹配到的一个内容，而不是全部返回

小拓展：多行匹配"m"的使用

试一试：以下代码，输出的效果如图 8-21 所示。

```
var str="1.js\n2.js\n3.js";
var pattern=/js/;
```

```
console.log(str.match(pattern));
```

▶ ["js", index: 2, input: "1.js↵2.js↵3.js"]

图 8-21 效果 1

加上全局变量 g，即"var pattern=/js/g;"，其效果如图 8-22 所示。

多行匹配"m"的使用必须同时满足以下两个情况：

▶ (3) ["js", "js", "js"]

（1）和全局变量 g 配合使用。

图 8-22 效果 2

（2）一定要进行首匹配或者尾匹配。

代码如图 8-23 所示。其效果如图 8-24 所示。

```
var str="1.js\n2.js\n3.js";
var pattern=/js$/mg;
console.log(str.match(pattern));
```

图 8-23 代码

▼ (3) ["js", "js", "js"] ℹ
  0: "js"
  1: "js"
  2: "js"
  length: 3

图 8-24 效果 3

3. split()

split()方法用于把一个字符串分割成字符串数组。

试一试：代码如下：

```
str="html,js, ,css";
pattern=/,/g;     /*用，分隔*/
console.log(str.split(pattern));
```

把字符串"html,js, ,css"，用","分隔成了 4 组。结果如图 8-25 所示。

试一试：代码如下：

```
str="html, js, css";
pattern=/\s*,\s*/g;     /*用至少 0 个以上的\s(空格)分隔*/
console.log(str.split(pattern));
```

把字符串"html,js, ,css"，用至少 0 个以上的\s（空格）分隔成了 3 组，结果如图 8-26 所示。

▼ (4) ["html", "js", " ", "css"] ℹ
  0: "html"
  1: "js"
  2: " "
  3: "css"
  length: 4

图 8-25 结果 1

▼ (3) ["html", "js", "css"] ℹ
  0: "html"
  1: "js"
  2: "css"
  length: 3

图 8-26 结果 2

4. replace()

replace() 方法在字符串中用一些字符替换另一些字符，或替换一个与正则表达式匹配的子字符串，格式如下：

```
str.replace(regexp/substr,replacement)
```

试一试：把字符串"i love js js"中的"js"换成"html"，并打印，代码如下：

```
var str="i love js js";
var pattern=/html/;
console.log(str.replace("js","html"));
```

运行代码，结果如图 8-27 所示，第一个"js"换成了"html"。

试一试：怎么把上述代码中的两个"js"都换成"html"？我们用全局变量"g"来查找所有的"js"。代码如下：

```
i love html js
```

图 8-27　结果 3

```
var str="i love js js";
var pattern=/html/g;
console.log(str.replace(pattern,"html"));
```

试一试：怎么把上述代码中的"js"加粗变色显示？可以利用分组来实现，代码如下：

```
var str="i love js js";
var pattern=/(js)/;
document.write(str.replace(pattern,'<strong style="color:red;">$1</strong>'));
注意：这里的 document.write 不能改成 console.log
```

replace 还可以用于替换敏感词。

试一试：把以下的"哈哈""嘿嘿""呼呼呼"换成"*"。

```
var str="哈哈 js 嘿嘿 html 呼呼呼 css";
var pattern=/哈哈|嘿嘿|呼呼呼/g;
console.log(str.replace(pattern,'*'));
```

浏览器中输出：*js*html*css。

以上代码中，我们把敏感词统一替换成了一个"*"，那如果想要一个字换成一个"*"呢？比如"哈哈"换成"**"。该怎么实现呢？代码如下：

```
var str="哈哈 js 嘿嘿 html 呼呼呼 css ";
var pattern=/哈哈|嘿嘿|呼呼呼/g;
console.log(str.replace(pattern,function($0){
console.log($0);
var result="";
for(var i=0;i<$0.length;i++)
result+='*';
return result;
    }
        ));
```

8.10　正则表达式语法基础

正则表达式（Regular Expression）是一个描述字符模式的对象，字符模式是由一系列字符构成的特殊字符格式的字符串，它是由普通字符（如 A-Z、a-z、0-9）和元字符组成的。正则表达式的语法主要就是对各种字符的功能进行描述。

8.10.1 常用字符

根据正则表达式的语法规则，大部分字符可以描述自身，这些字符被称为普通字符，比如所有的数字和字母。

元字符就是拥有特殊含义的字符，一般需要加反斜杠进行转义，以免与字符本身的语义发生冲突，如表 8-8 所示。

表 8-8 元字符

含　义	普通字符	元 字 符
匹配一个换行符		\n
匹配一个制表符（Tab 键）		\t
匹配小数点	\.	
匹配汉字		[\u4e00-\u9fa5]
匹配字母、大小写	[a-z, A-Z]	
匹配数字、字母、大小写	[a-z, A-Z, 0-9]	
匹配数字	[0-9]（负数不可以，最大为 9）	\d
匹配除了 0～9 以外的字符	[^0-9]	\D
匹配数字、字母大小写、下画线	[a-z, A-Z, 0-9_]	\w
	^[a-z, A-Z, 0-9_]	\W
匹配空格	[ ]	
匹配空格或者制表符		\s
匹配除了空格或者制表符以外的字符		\S
匹配空格或者数字	[]	

8.10.2 正则表达式中一些特殊字符的使用

在正则表达式中，我们用方括号（[ ]）来表示特定范围内的字符，在方括号内指定起止字符，然后中间部分用连字符（-）表示。这里需要注意的是，方括号里字符写得再多，也只匹配一个。其他还有一些特殊字符的使用，如表 8-9 所示。

表 8-9 正则表达式中的特殊字符

特殊字符	描　述
\	作为转意，即通常在"\"后面的字符不按原来意义解释，如/b/匹配字符"b"，当 b 前面加了反斜杆后/\b/，转意为匹配一个单词的边界
^	匹配一个输入或一行的开头
$	匹配一个输入或一行的结尾
*	匹配前面元字符 0 次或多次
+	匹配前面元字符 1 次或多次
?	匹配前面元字符 0 次或 1 次
x|y	匹配 x 或 y
{n}	精确匹配 n 次
{n,}	匹配 n 次以上
{n,m}	匹配 n-m 次

试一试：如何判断能够匹配 3 位的数字?代码如下：

```
var str="123";
var pattern=/\d\d\d/;
console.log(pattern.exec(str));
```

试一试：有没有第二种写法呢？可以利用{n}字符来表达精确匹配 3 次。代码如下：

```
var str="123";
var pattern=/\d{3}/;
console.log(pattern.exec(str));、
```

重复类量词的各种写法如表 8-10 所示。

表 8-10 重复类量词的各种写法

含 义	普通字符	元 字 符
匹配 3 位数字	/\d{3}/	
匹配 1~5 位数字	/\d{1,5}/;	
匹配至少 1 位数字	/\d{1,}/;	
最多匹配 2 个	/\d{ , 2}/;错错错	不能没有下限
匹配 0 个或者 1 个数字	/\d{0,1}/;	/\d?/
匹配一次或者不匹配		-
至少匹配一次（>=1）		/\d+/
至少匹配 0 次(>=0)		/\d*/

试一试：匹配字符串"麦当劳超豪华午餐：￥115.5"中的数字，代码如下：

```
var str="麦当劳超豪华午餐：￥115.5";
var pattern=/\d+\.?\d*/;    /*或者第二种写法：var pattern=/\d{1,}\.{0,1}\d{0,}/; */
console.log(pattern.exec(str));
```

接下来，我们来巩固上面所讲的知识，大家来试一试写出常用的正则表达式。
由 26 个大写英文字符组成的字符串，代码如下：

```
pattern=/^[A-Z]*$/i;
```

由 26 个小写英文字符组成的字符串，代码如下：

```
pattern=/^[a-z]*$/i;
```

中文名字（汉字，2~4），代码如下：

```
pattern=/^[\u4e00-\u9fa5]{2,4}$/i;
```

非负整数（正整数+0），代码如下：

```
pattern=/^[0-9]+$/;
pattern=/^\d+$/;    (data)
```

QQ 号码（5 位以上，首位不能是 0），代码如下：

```
pattern=/^[1-9]\d{4,}$/;
```

由数字、26 个英文字符、下画线组成的字符串，代码如下：

```
pattern=/^[a-zA-Z0-9_]{1,}$/;
    pattern=/^[a-zA-Z0-9_]+$/;
    pattern=/^\w+$/;
```

6～18 位密码，区分大小写，不能用空格，代码如下：

```
pattern=/^[\u4e00-\u9fa5a-zA-Z0-9_@#¥%……&&——+\[\]]{1,}$/;
    pattern=/^\S{6,18}$/;
```

昵称（2~18 位，中英文、数字、下画线），代码如下：

```
pattern=/^[\u4e00-\u9fa5a-zA-Z0-9_]{2,18}$/;
    pattern=/^[\u4e00-\u9fa5\w]{2,18}$/;
```

8.11 超时调用

超时调用函数为 setTimeout()，表示多久之后，要完成什么事件，格式如下：

```
setTimeout(code,millisec)
```

其中，code：要调用的函数或者执行的代码串。

millisec：周期性执行或者调用 code 之间的时间间隔，以毫秒计算。

说明：setTimeout()只能执行 code 一次。如果要多次调用，可以让 code 自己再次调用 setTimeout()。setTimeout 方法可以返回 ID 值。

试一试：浏览器 1s 后弹出警告框"哈哈"，代码如下：

```
<script type="text/javascript">
    var fnCall =function(){
        alert("哈哈");   /*弹出警告框哈哈*/
    }
    setTimeout(fnCall,1000); /*1000ms 后执行函数。注意以毫秒为单位*/
</script>
```

试一试：浏览器 2s 后弹出警告框"hello world"，代码如下：

```
<script type="text/javascript">
    setTimeout ("alert('hello world')",2000);
</script>
```

以上代码，虽然也能实现我们的要求，但是不推荐采用以上的写法。我们推荐的是第一种的写法，利用自定义函数来实现，代码如下：

```
setTimeout(callFn,2000); /*自定义函数*/
function callFn(){
              alert('hello world');
         }
```

或者利用匿名函数来实现，代码改进如下：

```
setTimeout (function(){
        alert('hello world');
    },2000);
```

8.12　清除超时调用

语法：clearTimeout(id_of_settimeout)

功能：取消由 setTimeout()方法设置的 timeout，其中，id_of_settimeout 为由 setTimeout()返回的 ID 值，该值标识要取消的延迟执行代码块。

试一试：取消对 setTimeout()的调用，代码如下：

```
var time1= setTimeout (function(){
        alert('hello world');
        },2000);
clearTimeout(time1);  取消调用。
```

8.13　间歇调用

间歇调用函数用来表示每隔指定的时间执行一次代码，格式如下：

```
setInterval(code,millisec)
```

参数说明如下。

● code：要调用的函数或者要执行的代码串。

● millisec：周期性地执行或者调用 code 之间的时间间隔，以毫秒计算。

试一试：每隔 2s 打印"hello world"，代码如下：

```
setInterval (function(){
    console.log('hello world');
    },2000);
```

8.14　清除间歇调用

调用了间歇调用函数也可以调用清除间歇调用函数来清除，格式如下：

```
clearInterval(id_of_setInterval)
```

取消由 setInterval()方法设置的间歇。

id_of_setInterval：由 setInterval()返回的 ID 值。

试一试：每隔 2s 打印"hello world"，10s 后停止打印，代码如下：

```
var time1= setInterval(function(){
        console.log('hello world');
        },2000);
    // 10s 以后停止打印
    setTimeout(function(){
        clearInterval(time1);
    },10000)
```

试一试：有一个值 num，它的初始值为 1。每隔 1s 加 1，一直到 num 的值加到 10 后停止，代码如下：

```
var num=1,
max=10,
time1=null;
time1=setInterval(function(){
num++;
if(num>max){
    clearInterval (time1);

}
console.log(num);
},1000);
```

第 9 章　网易云课堂

网易云素材

网易云源代码

实现页面效果如图 9-1 所示，扫一扫右边的二维码，获得素材。

图 9-1　网易云课堂效果图

9.1　页面实现

9.1.1　\<head\>——页面信息部分

1. HTML 部分

\<meta charset="utf-8" /\> ，为了不让中文显示出现乱码，该代码告诉浏览器用什么方式来读这页代码。

\<title\>网易云课堂\</title\>，给网页标题命名为"网易云课堂"。

\<link rel=" " href=" "\>，其中，rel 属性描述了当前页面与 href 所指定文档的关系；href 属性用于引入 CSS、JavaScript 文件。具体代码如下：

```
<head>
    <title>网易云课堂</title>
    <meta charset="utf-8">
    <link rel="stylesheet" type="text/css" href="css/style.css">
    <link rel="icon" href="images/favicon.png">
</head>
```

2. CSS 部分

整个网站都能应用通用样式，一般用于取消内外边距。所有的<a>标签取消下画线，所有的<ul>标签去掉列表样式属性，代码如下：

```
*{
    padding: 0; /*初始化内边距为 0*/
    margin: 0; /*初始化外边距为 0*/
    border: 0; /*初始化边框为 0*/
    font-family: "Microsoft YaHei"; /*字体样式为微软雅黑*/
}
ul{
    list-style: none; /*去除<ul>标签带点的样式*/
}
a{
    text-decoration: none; /*去除下画线*/
    color: #000; /*设置<a>标签所有字体颜色为#000*/
}
```

<body>部分，我们分成 4 块区域，内容包括第一部分<header>、第二部分<section>、第三部分<section>（其中，左边为 aside，右边为 atricle）、第四部分<footer>。

9.1.2 第一部分<header>的实现

1. HTML 部分

分析图 9-1 所示页面，整个 header 分成两部分，左边是一张 logo 图片，右边是导航栏，导航栏有 5 个链接，所以这部分可以考虑两种写法，第一种用 ul-li 结构，第二种采用<nav>与<a>标签结构。

扫一扫，获取<header>部分 HTML 的视频教程

```
<header>
    <div class="wrap">
        <img src="images/logo.png">
        <nav>
            <a href="#" class="active">首页</a>
            <a href="#">课程分类</a>
            <a href="#">微专业</a>
            <a href="#">我的学习</a>
            <a href="#">后台管理</a>
        </nav>
    </div>
</header>
```

2. CSS 部分

\<header>部分具体尺寸如图 9-2 所示。

图 9-2 \<header>部分具体尺寸

\<ul>属于块状元素，首先设置其向右浮动，然后设置里面的\<li>元素向左浮动，并设置宽度、高度和文字居中属性。这些都属于\<li>中共同的属性。设置完成后，导航栏的布局基本完成。接下来，考虑为每个\<li>填充不同的背景颜色，因为这里有 5 个不同的\<li>，所以可以考虑使用取名或者用:nth-of-type(n)来实现。下列 CSS 代码，用的是后面一种方法：

扫一扫，获取
\<header>部分
CSS 的视频教程

```css
header{
    height: 80px; /*高度 80px*/
    background: #64986c; /*背景颜色为#64986c*/
    position: relative; /*相对定位*/
}
header:after{
    width: 100%; /*宽度 100%*/
    height: 7px; /*高度为 7px*/
    background: #c1e9ed; /*背景颜色为#c1e9ed*/
    content: ""; /*插入生成内容为空*/
    position: absolute; /*绝对定位*/
    bottom: 0; /*距离下方 0*/
    left: 0; /*距离左边 0*/
}
header .wrap{
    margin: 0 auto; /*块状元素水平居中*/
    width: 1200px; /*宽度 1200px*/
    height: 73px; /*高度 73px*/
    position: relative; /*相对定位*/
    z-index: 1; /*设置元素的堆叠顺序*/
}
header .wrap img{
    margin-top: 15px; /*上边距 15px*/
}
header .wrap nav{
    float: right; /*设置向右浮动*/
}
header .wrap nav a{
    display: block; /*行内元素转为块状元素*/
    font-weight: 800; /*字体粗细为 800*/
    float: left; /*向左浮动*/
    width: 167px; /*宽度 167px*/
    height: 73px; /*高度 73px*/
    line-height: 73px; /*行高 73px*/
    text-align: center; /*文本居中*/
    font-size:26px; /*字体大小为 26px*/
    color: #fff; /*字体颜色为#fff*/
}
header .wrap nav a:nth-of-type(1){
```

```
        width: 113px; /*宽度 113px*/
        background: #517d66; /*背景颜色为#517d66*/
    }
    header nav a:nth-of-type(2){
        background: #76988e; /*背景颜色为#76988e*/
    }
    header nav a:nth-of-type(3){
        background: #6a8daa; /*背景颜色为#6a8daa*/
    }
    header nav a:nth-of-type(4){
        background: #90ad70; /*背景颜色为#90ad70*/
    }
    header nav a:nth-of-type(5){
        background: #60a092; /*背景颜色为#60a092*/
    }
```

该页面还有一个光标经过效果。光标经过时，导航向下填充，但同时，第一个链接"首页"的要求是页面一打开就拥有此效果，转化为 CSS 语言，就是光标经过时，导航向下填充 7px。

```
    header nav a:hover,.active{
    padding-bottom: 7px; /*下内边距 7px*/
    }
```

9.1.3　第二部分<section>的实现

1. HTML 部分

首先将<section>命名为 banner，再定义一个无序列表<ul>标签，用<li>标签来做容器，并放入<img>图片，分别命名为 center,right,left。

提示：

（1）<ul>标签用于定义无序列表。

（2）<li>标签用于定义列表项目。

（3）<li>标签可用在有序列表（<ol>）和无序列表（<ul>）中。

扫一扫，获取
<section>部分
HTML 的视频教程

```
        <section class="banner">
            <ul>
                <li class="center"><img src="images/banner/banner1.jpg"></li>
                <li class="right"><img src="images/banner/banner2.jpg"></li>
                <li class="left"><img src="images/banner/banner3.jpg"></li>
            </ul>
        </section>
```

2. CSS 部分

<banner>部分具体尺寸如图 9-3 所示。

<banner>下面采用<ul>结构，<ul>下面还有 3 个<li>标签，给<banner>设置相对定位，以及背景颜色。需要注意的是，<ul>和<li>采用的都是盒子模型，要记得定宽和定高。

分别给<ul>设置相对定位，<li>设置绝对定位。超出盒子的部分用"overflow: hidden;"语句将其隐藏。

图 9-3　<banner>部分具体尺寸

3 个<li>标签的定位用负值法居中，"left:50%;margin-left"表示设置宽度为自己宽度的一半。

给<li>标签下的<img>设置绝对定位，相对于自己的盒子左移 30%。具体代码如下：

扫一扫，获取<section>部分
CSS 的视频教程

```css
.banner ul{
        width: 1400px; /*宽度 1400px*/
        height: 454px; /*高度 454px*/
        /*border: 2px solid black;*/
        margin: 0 auto; /*水平居中*/
        position:relative; /*相对定位*/
        overflow:hidden; /*溢出部分隐藏*/
        top: 50px; /*距离上方 50px*/
}
.banner ul li{
        width: 640px; /*宽度 640px*/
        height: 300px; /*高度 300px*/
        position: absolute; /*绝对定位*/
        overflow: hidden; /*溢出部分隐藏*/
}
.banner ul li.center{
        width: 950px; /*宽度 950px*/
        height: 450px; /*高度 450px*/
        left: 50%; /*距离左边 50%*/
        margin-left: -475px; /*左边距为-475px*/
        z-index: 1; /*设置元素的堆叠顺序*/
        border: 2px solid #fff; /*边框为 2px 的白色实线*/
        box-shadow: 0px 30px 140px 22px rgba(0,0,0,.35);
    /*透明度为 0.35 的黑色 上、右、下、左阴影分别为 0px、30px、140px、22px*/
.banner ul li.right{
        right: 0; /*距离右边 0*/
            top:50%; /*距离上方 50%*/
            margin-top: -150px; /*上边距-150px*/
}
.banner ul li.left{
        left: 0; /*距离左边 0*/
        top:50%; /*距离上方 50%*/
        margin-top: -150px; /*上边距-150px*/
}
.banner ul li img{
        position: absolute; /*绝对定位*/
        height: 100%; /*高度 100%*/
        left: -30%; /*向左偏 50%*/
}
```

9.1.4　第三部分<section>中 aside 和 article 部分的实现

1. HTML 部分

首先将<section>取名为 main，在其中，我们分为左右两大块，分别为<aside>和<article>。

其次左侧用<h1>标签定义标题。其中，绿色的字可用<span>标签套起来。每一块内容均有 n 个相同的结构，因此可以考虑用<dl>结构或者<ul>结构。在此案例中，因为有图片、标题和文字，我们考虑用<dl>结构来实现。

定义一个列表<dl>、<dt>标签和描述列表中的项目<dd>标签，<dt>标签用于放<img>图片，第一个<dd>标签用于存放标题，第二个<dd>标签用于存放文字。

最后右侧的内容，我们用<article>套起来，用<h1>标签来定义标题，<p>标签用于存放文字内容，<img>标签用于存放图片，<a>标签用于存放链接。

> **· 总结 ·**
>
> （1）<aside> 的内容可用作文章的侧栏。
>
> （2）<article> 标签用于定义外部的内容。
>
> （3）<dl> 标签用于定义列表，<dl> 标签要与 <dt>（定义列表中的项目）和 <dd>（描述列表中的项目）标签相结合。

扫一扫，获取
<aside>和
<article>部分
HTML 的视频
教程

```html
<section class="main">
    <div class="bg-center">
        <aside>
            <h1>系列<span>课程</span></h1>
            <dl>
                <dt><img src="images/Course/02_09.png"> </dt>
                <dd>从 JAVA 后端到全栈</dd>
                <dd>掌握两大微服务框架。没有天生的全栈，全栈也有……</dd>
            </dl>
            <dl>
                <dt><img src="images/Course/05_05.png"> </dt>
                <dd>从 PYTHON 爬虫工程师</dd>
                <dd>3 个月成为网络爬虫工程师。入行爬虫工程师平均……</dd>
            </dl>
            <dl>
                <dt><img src="images/Course/06_04.png"> </dt>
                <dd>专业搞定 OFFICE</dd>
<dd>用不好 Office 办公软件还敢混职场？Word/Excel/PPT......</dd>
</dl>
            <dl>
                <dt><img src="images/Course/09_07.png"> </dt>
                <dd>决胜 AI 数据之旅</dd>
                <dd>本课程带你轻松玩转数据分析与机器学习深度学习经典……</dd>
            </dl>
        </aside>
        <article>
            <h1>系统化<span>学习路径</span></h1>
            <p>网易云课堂六大课程体系，让学习有章有序</p>
            <img src="images/article.png">
            <p class="choose" ><a href="# ">点击选择</a></p>
        </article>
    </div>
</section>
```

2. CSS 部分

<main>部分具体尺寸如图 9-4 所示。

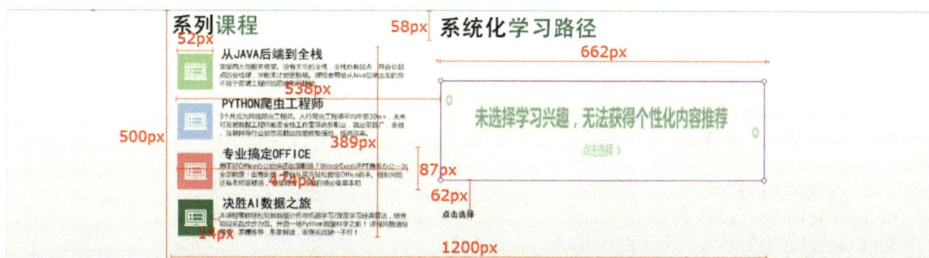

图 9-4　<main>部分具体尺寸

在 CSS 部分我们分别为<aside>和<article>定宽。

<aside>和<article>位于页面的中间，并且通过测量，其宽度为 1200px，外面套取名为<main>的盒子，使其居中。为<dd>和<dt>标签设置浮动效果。

为<dl>结构设置宽度，要同时设置<dl>、<dt>和<dd>标签的宽度，并设置字体大小。在这里，因为有两个<dd>标签，可以使用 first-of-type 与 last-of-type 来区别。

给<main>标签下的<h1>标签设置字体大小、字体粗细、与底部的外边距。为<article>下的<p>标签和<img>标签设置底部外边距。CSS 部分代码如下：

扫一扫，获取<aside>和<article>部分 CSS 的视频教程

```
.main{
    height: 500px; /*高度为 500px*/
    background: #f6f6f7; /*背景颜色为#f6f6f7*/
}
.main .bg-center{
    width: 1200px; /*宽度为 1200px*/
    margin: 0 auto; /*水平居中*/
}
.main aside{
    float:left; /*左浮动*/
    width: 538px; /*宽度为 538px*/
}
.main h1{
    font-size: 24px; /*字体大小为 24px*/
    margin-bottom: 24px; /*下边距为 24px*/
    height: 58px; /*高度为 58px*/
    line-height: 58px; /*行高 58px*/
}
.main h1 span{
    /*font-size: 24px;*/
    color: #2c714f; /*字体颜色为#2c714f*/
}
.main dl{
    width: 474px; /*宽度为 474px*/
    height: 87px; /*高度为 87px*/
    margin-bottom:14px; /*下边距为 14px*/
}
```

```
.main dl dt{
    width: 52px; /*宽度为52px*/
    float: left; /*左浮动*/
    margin-right: 14px; /*右边距为14px*/
    margin-top: 14px; /*上边距为14px*/
}
.main dl dd{
    float: left; /*左浮动*/
    width: 389px; /*宽度为389px*/
}
.main dl dd:first-of-type{
    margin-left: 8px; /*左边距为8px*/
    font-weight:700; /*字体粗细为700*/
    font-size: 18px; /*字体大小为18px*/
    margin-bottom: 10px; /*下边距为10px*/
    font-family: "Microsoft Yahei"; /*字体样式微软雅黑*/
}
.main dl dd:last-of-type{
    font-size: 13px; /*字体大小为13px*/
}
.main article{
    float: left; /*左浮动*/
    width: 662px; /*宽度662px*/
}
.main article .choose{
    margin-top: 62px; /*上边距为62px*/
}
.main article .choose a:hover{
    color:#64986c; /*字体颜色为#64986c*/
}
```

· 总结 ·

（1）看到块状元素，一定要记得定宽、定高。

（2）n 个块状元素要放在一排，一定要记得写 float:left。

9.1.5　第四部分<footer>的实现

1. HTML 部分

<footer>标签一般用在网页的最后，里面有一个<p>标签及 3 个图标<img>，我们把 3 张图片放在行内元素 span 中。

```
<footer>
    <a href="#">https://study.163.com</a>
    <span class="icon">
        <img src="images/icon/qq.png">
        <img src="images/icon/sina.png">
        <img src="images/icon/qq.png">
    </span>
</footer>
```

扫一扫，获取<footer>部分的 HTML 的视频教程

2. CSS 部分

<footer>部分的具体尺寸如图 9-5 所示。

图 9-5　<footer>部分具体尺寸

　　给<span>标签设置向右浮动效果，并且设置外边距的值。注意，这里<span>标签是行内元素，设置 float 属性后，变成了行内块元素。

　　为<span>标签下的<img>标签设置左边的外边距，以及透明度为 50%，当光标划过时，透明度变为 100%，并且显示手的形状，代码如下：

```
footer{
    height: 72px; /*高度 72px*/
    background: #6a9766; /*背景颜色为#6a9766*/
}
footer a {
    color:#fff; /*字体颜色为#fff*/
    display: block; /*行内元素转为块状元素*/
    float: left; /*左浮动*/
    margin-left: 60px; /*左边距 60px*/
    height: 72px; /*高度 72px*/
    line-height: 72px; /*行高 72px*/
    font-size: 15px; /*字体大小为 15px*/
}
footer .icon{
    margin-right: 278px;    /*---为什么没效果？ */ /*右边距 278px*/
    float: right; /*右浮动*/
    /*display: block;*/
    width: 189px; /*宽度为 189px*/
}
footer .icon img{
    opacity: .5; /*透明度为 0.5*/
    margin: 18px 9px; /*上边距和右边距分别为 18px 9px*/
}
footer .icon img:hover{
    opacity: 1; /*透明度为 1*/
    cursor: pointer; /*光标的状态为小手*/
}
```

扫一扫，获取<footer>部分的 CSS 的视频教程

9.2　案例总结

　　（1）行内元素、块状元素与行内块元素之间可以互相转换。

● 行内元素转块状元素，用 display:block 实现。

● 行内元素转为行内块元素，用 display:inline-block 实现。

　　（2）3 种居中的方法。

● 文字居中：text-align: center。

● 块状元素居中：margin:0 auto。

● 当元素绝对定位后，要使元素居中，有以下两种方法：

方法一，利用 "margin:auto;" 来实现，具体代码如下。

```
left 0;
right 0;
margin: auto;
```

方法二，负值法居中。垂直居中，用 "top :50%, margin-top" 表示原来元素宽度的一半，例如，height：400px;top: 50%;margin-top: -200px。水平居中，用 "left:50%，margin-left" 表示原来元素宽度的一半，例如，width:800px;left: 50%;margin-left: -400px。

（3）position 属性用于规定元素的定位类型。

relative: 生成相对定位的元素，相对于其正常位置进行定位。因此，"left:20px" 会向元素的 left 位置添加 20 像素。

absolute:绝对定位，相对于其最接近的一个具有定位属性的父包含块进行绝对定位。元素的位置通过 left、top、right 及 bottom 属性进行规定。在上述案例中，<banner>部分的图片偏移 1/3，采用的就是绝对定位。

9.3 案例拓展

案例拓展

请实现如图 9-6 所示的效果哦。

图 9-6 英语水平测试效果图

第 10 章　水晶石页面的实现

实现如图 10-1 所示页面效果。

图 10-1　水晶石页面的实现效果图

10.1　页面实现

1. HTML 部分

新建一个 HTML 文件，并命名为 index.html。引入 style.css 文件，构建页面整体布局。关键代码如下：

```
<!DOCTYPE html>
<html>
<head>
    <title>水晶石教育</title>
    <meta charset="utf-8">
    <link rel="styleshe et" type="text/css" href="css/style.css">
</head>
```

2. CSS 部分

把整个页面初始化，边框值和填充值均设为 0，所有字体颜色设为白色，代码如下：

```
* {
border:0;
margin:0;
padding:0;
}

ul {
list-style:none;
}
```

我们把整张网页分为 4 个部分，分别是<header>部分、<main>部分、<btn>部分和右边的导航<right>部分。

10.1.1　<header>部分的实现

1. HTML 部分

在<header>部分，我们将导航标签分为 logo 部分和导航部分。导航部分用<nav>标签里面装 5 个<a>标签来实现。代码如下：

扫一扫，获取
<header>部分的
HTML 视频教程

```
<body>
    <header>
        <img src="images/logo.jpg">
        <div class="bg"></div>
        <nav>
            <a href="#">0 元入学</a>
            <a href="#">报名流程</a>
            <a href="#">学校环境</a>
            <a href="#">来校路线</a>
            <a href="#">住宿服务</a>
        </nav>
    </header>
```

2. CSS 部分

<header>部分具体尺寸如图 10-2 所示。

图 10-2　<header>部分具体尺寸

图片 img 设置距离上边 12px，左边 400px。每个<a>标签，行内元素转换为块状元素，宽度设置为 190px，高度设置为 80px；这样的<a>标签一共有 5 个，此时，<nav>标签的宽度由 5 个<a>标签的宽度决定，为 950px；每个导航在<a>标签中，文字水平居中，垂直居中显示（设置：line-height: 80px;），代码如下：

扫一扫，获取
<header>部分的
CSS 视频教程

```
a{
    text-decoration: none; /*去除下画线样式*/
}

header{
    width: 100%; /*宽度 100%*/
```

```
        background: #333; /*背景颜色#333*/
        height: 80px; /*高度 80px*/
        position: relative; /*相对定位*/

    }

    header .bg{
        height: 80px; /*高度 80px*/
        width: 1183px; /*宽度 1183px*/
        position: absolute; /*绝对定位*/
        background: url(../images/bg.png); /*插入背景图片*/
        right: 0;
        top: 0;
        z-index: 1; /*设置一个定位元素沿 z 轴的位置*/
    }

    header nav{
        float: right; /*右浮动*/
        width: 950px;    /*190*5    */
        height: 80px;
        position: absolute; /*绝对定位*/
        right: 0; /*把图像的右边缘设置在其包含元素右边缘向左 0 像素的位置*/
        top: 0; /*把图像的上边缘设置在其包含元素上边缘向下 0 像素的位置*/
        z-index: 2;
    }
    header img{
        margin:12px 0 0 400px; /*上边距 12px，右边距下边距 0，左边距 400px*/
    }

    header nav a{
        display: block; /*行内元素转为块状元素*/
        width: 190px;
        height: 80px;
        float: left; /*左浮动*/
        color: #fff;
        text-align: center; /*文字居中*/
        line-height: 80px; /*行高 80px*/
    }
```

10.1.2　<main>部分的实现

1. HTML 部分

利用<dl>布局来实现<main>中间部分的 HTML，具体代码如下：

```
<section class="main">
    <div class="wrap">
        <img src="images/title.png">
        <p>这个夏天来水晶石，挑战自己！<br>报名获 6000 元线上课程</p>
        <dl>
                <dt><img src="images/logo_1.png"></dt>
                <dd>高级 UI 课程</dd>
                <dd>设计改变未来</dd>
        </dl>
        <dl>
                <dt><img src="images/logo_2.png"></dt>
```

扫一扫，获取
<main>部分的
HTML 视频教程

```
                    <dd>室内设计课程</dd>
                    <dd>不凡设计源于生活</dd>
                </dl>
                <dl>

                    <dt><img src="images/logo_3.png"></dt>
                    <dd>商业插画设计课程</dd>
                    <dd>生气的二次元领域</dd>
                </dl>
                <dl>

                    <dt><img src="images/logo_4.png"></dt>
                    <dd>影视后期课程</dd>
                    <dd>看电影不如做电影</dd>
                </dl>
            </div>
        </section>
```

2. CSS 部分

\<main\>部分具体尺寸如图 10-3 所示。

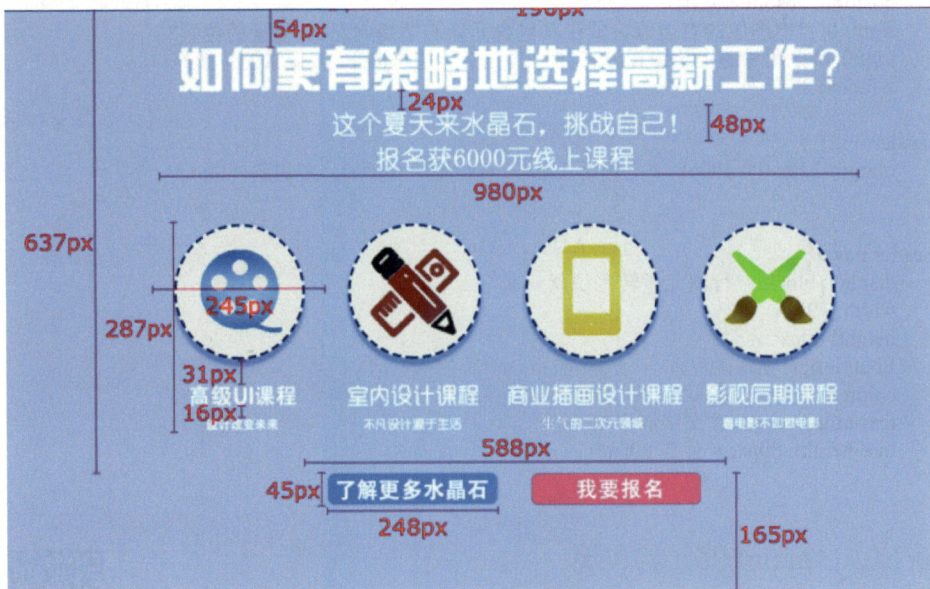

图 10-3　\<main\>部分具体尺寸

这里我们在给\<dl\>添加样式时，可以把每个图标的左右距离预留给\<dl\>标签，然后让文字、图标在\<dl\>中居中显示，代码如下：

```
.main{
    background: #79a6e1; /*背景颜色#79a6e1*/
    height: 637px;
}

.main .wrap{
    width: 980px;    /*245*4*/
    margin: 0 auto; /*水平居中*/
    text-align: center; /*文字居中*/
```

扫一扫，获取部分的 CSS
视频教程

```
        color: #fff;
        height: 637px;
    }
    .main .wrap img{
        margin: 54px 0 24px; /*上边距 54px，右边距 0，下边距 24px*/
    }

    .main .wrap p{
        font-size: 21px;
        font-family: "YouYuan"; /*字体样式"YouYuan"*/
        height: 48px;
        line-height: 48px; /*行高 48px*/
    }
    .main .wrap dl{
        width: 245px; /*宽度 245px*/
        float: left; /*左浮动*/
        height: 287px; /*高度 287px*/
        font-style: 700; /*定义字体的风格*/
    }

    .main .wrap dl dd:first-of-type{
        font-size: 18px;
        margin: 31px 0 16px; /*上边距 31px，右边距 0，下边距 16px*/
    }
    .main .wrap dl dd:last-of-type{
        font-size: 10px;
    }
```

10.1.3　<btn>部分的实现

1. HTML 部分

在此部分，有两个按钮，可以用<button>标签来实现。两个按钮需要在页面中居中显示，所以我们在外面套一个盒子，让里面的块状元素居中来实现。具体 HTML 代码如下：

```html
<section class="btns">
    <div class="btn">
        <button>了解更多水晶石</button>
        <button>我要报名</button>
    </div>
</section>
```

扫一扫，获取 <btn>部分的 HTML 视频教学

2. CSS 部分

<btn>部分具体尺寸如图 10-4 所示。

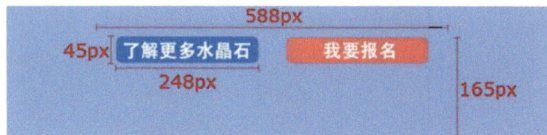

图 10-4　<btn>部分具体尺寸

两个按钮的宽度为 248px，高度为 45px。两个按钮装在宽度为 588px、高度为 45px 的

盒子中，利用"margin:0 auto;"来让它们居中显示，代码如下：

```css
.btns{
    height: 300px;
    background: #79a6e1;

}

.btns .btn{
    width: 588px;    /*248*2+23*4=496+92*/
    height: 45px;
    margin: 0 auto;
}
.btns .btn button{
    width: 248px;
    height: 43px;
    margin:0 23px; /*上边距 0，右边距 23px*/
    float: left;
    background: #2876cd;
    border-radius: 10px; /*圆角矩形 10px*/
    font-size: 18px;
    font-family: "SimHei"; /*字体样式"SimHei"*/
    color: #fff;
    font-weight: 700;
    cursor: pointer;
 }
.btns .btn button:last-of-type{
    background: #eb6877;
 }
```

10.1.4 \<right\>部分的实现

1. HTML 部分

页面右侧的导航用\<ul-li\>结构来实现。具体代码如下：

```html
<section class="right">
        <ul>
            <li><a href="#">职业发展</a></li>
            <li><a href="#">课程大纲</a></li>
            <li><a href="#">就业详情</a></li>
            <li><a href="#">就业专访</a></li>
            <li><a href="#">UI 作品</a></li>
            <li><a href="#">影视作品</a></li>
            <li><a href="#">学员天地</a></li>
            <li><a href="#">师资力量</a></li>
            <li><a href="#">联系我们</a></li>
        </ul>
    </section>
```

2. CSS 部分

\<right\>部分具体尺寸如图 10-5 所示。

为右侧导航设置宽度和高度，利用固定定位，让导航适中距离浏览器右边 20px，距离上边 20%，代码如下：

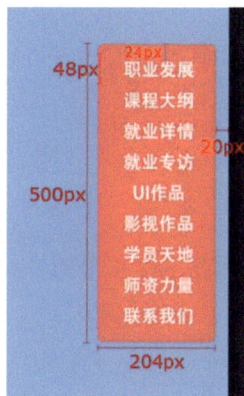

图 10-5　<right>部分
具体尺寸

```
.right{
    position: fixed; /*相对于浏览器窗口进行定位*/
    right: 20px;
    top: 20%;
    width: 204px;
    height: 500px;
    background: #eb6877;
    text-align: center;
    border-radius: 20px; /*圆角矩形 20px*/
}
.right ul{
    margin-top: 24px;
}

.right li{
    height: 48px;
    line-height: 48px; /*行高 48px*/
}
.right li a {
color:#fff;
}
```

10.2　案例总结

1. 行内块元素

行内块元素典型代表有 button、input。它们之间有空隙，在量尺寸的时候，会有误差。此空隙可将其转化为块状元素或者给它的父元素加代码"font-size:0px;"来解决。

2. 宽度的巧用

在这个案例的导航部分，我们没有利用 margin 来调整 4 个<a>标签左右的距离，而是巧设<a>标签的宽度。把<a>标签左右的距离分到了导航宽度中，然后利用文字居中来实现。关键代码如下：

```
display: block;    /*转为块状元素*/
width: 190px;      /*设置宽度为 190px;*/
height: 80px;       /*设置宽度为 80px;*/
float: left;        /*设置块状元素浮动*/
text-align: center;  /*文字居中*/
line-height: 80px;     /*设置行高*/
```

如果想要利用 margin，我们可以直接利用<a>标签，而不用将其转换为块状元素，设置行高就可以使文字上下居中。代码如下：

```
text-align: center;   /*文字居中*/
line-height: 80px;    /*设置行高*/
margin:0 43px; /*距离左右的边距为43*/
```

其实这两种代码的写法都可以，这里为大家提供了多一种的思路。

3. a 链接的 4 种状态

伪类选择器是 CSS 用于向某些选择器添加特殊效果的选择器。<a>标签中有 4 个属性：link、visited、hover、active。

（1）link：用于设置<a>标签在未被访问前的样式表属性。

（2）visited：用于设置<a>标签在其链接地址已被访问过时的样式表属性。

（3）hover：用于设置对象在其光标悬停时的样式表属性。

（4）active：设置对象在被用户激活（在鼠标单击与释放之间发生的事件）时的样式表属性。

4. 固定定位（position:fixed）

固定定位是相对于浏览器窗口进行的定位，即元素的位置通过设置 left、top、right 及 bottom 属性值相对于浏览器的位置进行定位。

10.3　案例拓展

案例拓展

请实现如图 10-6 所示的效果。

扫一扫，获取素材包以及源代码

图 10-6　案例拓展效果图

第 11 章　百度网盘页面的实现

百度网盘的首页代码，总共分五大部分：<header>、<download-menu>、<download-info>、<download-method>、<footer>，效果如图 11-1 所示。

图 11-1　百度网盘页面的实现效果

11.1　页面实现

11.1.1　<header>部分的实现

1. HTML 部分

在<header>部分，我们发现在此网页中，左边是 logo，右边是导航。此网页是一个典型的不居中的网页。我们只需要用 margin 来控制左右两边的距离，不需要给中间套盒子。针对红色文字"Mac 同步版更新说明"，我们可以在 HTML 中将其取名为"active"，也可以直接用 first-of-type 来

区分。代码如下：

```
<header>
        <!-- 左边 logo -->
        <div class="login-header">
                <a>百度网盘</a>
                <span>客户端下载</span>
        </div>
        <nav>
                <a>Mac 同步版更新说明</a>
                <span>|</span>
                <a>百度首页</a>
                <span>|</span>
                <a>官方贴吧</a>
                <span>|</span>
                <a>版本更新</a>
        </nav>
    </header>
```

2. CSS 部分

<header>部分具体尺寸如图 11-2 所示。

图 11-2   <header>部分具体尺寸

<a>标签与<span>标签属于行内元素，我们将行内元素转成块状元素 "display:block" 来加载图片。在 HTML 部分，我们对文字进行位置的定位。在 CSS 中，运用 "text-indent: -9999em;" 让<a>链接和<span>中的文字消失，代码如下：

```
/*头部导航*/
    header{
    height: 60px;
    min-width: 960px; /*设置段落的最小宽度*/
    border-bottom:1px solid #dcdcdc; /*粗细为 1px 的#dcdcdc 的实线边框*/
    }

    /*百度网盘 logo*/
    header .login-header a{
    width: 160px; /*宽度 160px*/
    height: 40px; /*高度 40px*/
    display: block; /*行内元素转为块状元素*/
    /*margin-top:10px;*/
    background: url(../images/download-all.gif) no-repeat; /*设置背景图片*/
    background-position:-645px 0; /*设置背景图像的起始位置*/
    margin-top:10px;
    float: left;
    text-indent: -9999em;          /*文字消失*/
    margin: 12px 0 0 10px;
    }
header .login-header>span{
    width: 71px;
```

扫一扫，获取
<header>部分
CSS 的视频教程

扫一扫，获取
<header>部分
CSS 的视频教程

```
        height: 38px;
        /*background: red;*/
        display: block; /*行内元素转为块状元素*/
        float: left;
        background: url(../images/download-all.gif) no-repeat; /*设置背景图片不重复*/
        background-position: -691px -47px;/*设置背景图像的起始位置*/
        text-indent: -9999em;        /*文字消失*/
        margin: 13px 0 0 14px;
}
header nav{
        float: right; /*右浮动*/
        width: 300px;
        margin:40px 25px;
        }
header nav a{
        font-size: 12px;
        color: #fff;
        color: #2974b6;
        }
header nav a:first-of-type{
        color: red;
        }
```

11.1.2　<download-menu>部分的实现

1. HTML 部分

这部分，我们利用<ul-li>结构来完成，代码如下：

```
<section class="download-menu">
        <ul>
                <li><a>Windows</a></li>
                <li><a>Android</a></li>
                <li><a>iPhone</a></li>
                <li><a>iPad</a></li>
                <li><a>WP</a></li>
                <li><a>MAC</a></li>
        </ul>
</section>
```

扫一扫，获取
<download-
menu >部分
HTML 的视频
教程

2. CSS 部分

<download-menu>部分具体尺寸如图 11-3 所示。

图 11-3　<download-menu>部分具体尺寸

我们首先给每个<li>标签定宽和定高，然后利用 nth-of-type(n)来为每个<li>标签加载图片。利用 background 读取整张图片，然后利用 background-position 定位不同元素的位置，这样做的好处是只读取一次服务器，以减少服务器的负担，代码如下：

```
.download-menu{
```

```
        background: #fafafa;
        height:94px;
    }
.       download-menu ul{
        width: 960px; /* 950/6=160px*/
        height:94px;
        margin:0 auto; /*水平居中*/
        /*padding-top:30px;*/
        /*background: green;*/
    }
.download-menu li{
    width: 160px;
    height: 36px;
    text-indent: -9999em;
    float: left;
    margin-top: 30px;
}
.download-menu li a{
    float: left;
    display: block;
    width: 160px;
    height: 36px;
    margin:0 auto;
    background:red;
    background: url(../images/download-all.gif) no-repeat; /*设置背景图片不重复*/
    }
 .download-menu ul li:nth-of-type(1) a {
    background-position:-14px -129px;        /*设置背景图像的起始位置*/
    }
.download-menu ul li:nth-of-type(1) a:hover{
    background-position:-14px -186px;
    }
.download-menu ul li:nth-of-type(2) a {
    background-position:-193px -129px;
    }
.download-menu ul li:nth-of-type(2) a:hover {
    background-position:-193px -186px;
    }
.download-menu ul li:nth-of-type(3) a {
    background-position:-382px -129px;
    }
.download-menu ul li:nth-of-type(3) a:hover {
    background-position:-382px -186px;
    }
.download-menu ul li:nth-of-type(4) a {
    background-position:-539px -129px;
    width: 101px;
    }
.download-menu ul li:nth-of-type(4) a:hover {
    background-position:-539px -186px;
    width: 101px;
    }
.download-menu ul li:nth-of-type(5) a {
    background-position:-662px -129px;
    width: 101px;
    }
.download-menu ul li:nth-of-type(5) a:hover {
    background-position:-662px -186px;
```

扫一扫，获取<download-menu>
部分 CSS 的视频教程

```
        width: 101px;
    }
.download-menu ul li:nth-of-type(6) a {
    background-position:-798px -129px;
    }
.download-menu ul li:nth-of-type(6) a:hover {
    background-position:-798px -186px;
    }
```

11.1.3　\<download-info\>部分的实现

1. HTML 部分

在 HTML 部分，需要设置 3 个盒子。第一个盒子用于装背景（单根线），第二个盒子用于装图片。第三个盒子用于装中间的文字和按钮。\<download-info\>部分如图 11-4 所示。

图 11-4　\<download-info\>部分

```
<section class="download-info">
        <div class="download-info-content">
            <div class="download-info-text">
                <p>大小：11.5M 版本：Mac 版 V2.2.0</p>
                <p>适应系统：Mac OS X 10.10+</p>
                <p>更新时间：2017-05-24</p>
                <a href="">下载 MAC 版</a>
            </div>
        </div>
</section>
```

2. CSS 部分

\<download-info 部分\>具体尺寸如图 11-5 所示。

图 11-5　\<download-info\>部分具体尺寸

先利用 download_bg.png 做背景，再利用 repeat-x 实现 x 轴的平铺。这里的高度为这张图片本身的高度，宽度为 100%，与"父亲"的宽度保持一致。第二个盒子，我们放置的是中间这张图片，利用块状元素居中（margin:0 auto），使得该图片在本部分水平居中显示。

第三个盒子是用来存放文字的，而且相对于第二个盒子来定位。所以我们设置 download-info-content 的 position 为 relative， download-info-text 的 positon 为 absolute。此时，设置第三个盒子的 top 与 right 属性值后，文字就定位在了图片的右侧，代码如下：

```
.download-info{
    height: 439px;
    width: 100%;
    background: red;
    background: url(../images/download_bg.png) repeat-x;
    }
.download-info    .download-info-content{
    width: 960px;
    height: 439px;
    background: url(../images/mac.jpg) no-repeat ; /*设置背景图片*/
    margin:0 auto;
    position: relative; /*相对定位*/
    }
.download-info    .download-info-content .download-info-text{
        width: 191px;
        height: 130px;
        position: absolute; /*绝对定位*/
        /*background: red;*/
        top: 199px; /*把图像的上边缘设置在其包含元素上边缘向下 199 像素的位置*/
        /*left:588px;*/
        right: 183px; /*把图像的右边缘设置在其包含元素右边缘向左 183 像素的位置*/
    }
.download-info-text p{
    color: white;
    line-height: 25px; /*行高 25px*/
    font-size: 12px;
    }
.download-info-text a{
        text-indent: -9999em; /*文字消失*/
        display: block;
        width: 180px;
        height:56px;
        background: url(../images/download-all.gif) no-repeat;
        background-position: -694px -295px;    /*设置背景图像的起始位置*/
        margin-top:8px;
    }
```

11.1.4 <download-method>部分的实现

1. HTML 部分

把<download-method>部分分成 3 个盒子，左边的盒子包含文字和 2 个<input>标签、一张二维码图片和一个按钮，如图 11-6 所示。代码如下：

图 11-6   <download-method>部分设计

```
<section class="download-method">
      <div class="download-method-content">
          <div class="download-method-left">
                <p>免费发送短信下载移动客户端</p>
                <input    class="text-title" type="text" placeholder="请输入手机号" />
                <input class="phone" type="text" placeholder="验证码"/>
                <img src="images/genimage.jpeg">
                <button class="btn">发送短信</button>
          </div>
          <div class="download-method-middle">
                <p>扫描二维码下载</p>
                <p class="download-text">使用手机上的二维码扫描软件
<br>扫描，直接下载百度网盘</p>
          </div>
          <div class="download-method-right">
                <img src="images/baidu_app_link.png">
          </div>
      </div>
</section>
```

2. CSS 部分

<download-method>部分具体尺寸如图 11-7 所示。

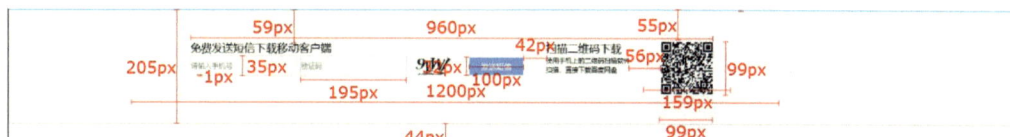

图 11-7　<download-method>部分具体尺寸

首先，将 3 个盒子设置为浮动，让它们处在同一排。这 3 个盒子的总宽度为 1200px，居中显示。这里利用块状元素使其居中。此外还要为<input>标签设置边框线，代码如下：

```
.download-method{
    height: 205px;
    border:1px solid #ccc;
}
.download-method-content{
    width: 1200px;
    margin:0 auto;
    }
.download-method-left,.download-method-middle,.download-method-right{
    float: left;
    font-size: 20px;
    margin-top:55px;
    vertical-align: middle; /*设置元素的垂直对齐方式，把此元素放置在父元素的中部*/
    }
.download-text{
    font-size: 12px;
    }
.download-method-middle{
    margin-left:42px;
    margin-right: 56px;
    }
.download-method-right{
```

```
        width: 159px;
        height: 95px;
        }
    .download-method-right img{
        width: 99px;
        height: 99px;
        }
    .download-method-left input,img, button{
        height: 35px;
        vertical-align: middle; /*设置元素的垂直对齐方式，把此元素放置在父元素的中部*/
        }
    .download-method-left input{
        width: 195px;
        border:1px solid #ccc;
        }
    .btn{
        width: 100px;
        height: 32px;
        background: #5197ff;
        color: white;
        font-size: 14px;
        }
```

11.1.5 \<footer>部分的实现

1. HTML 部分

\<foot>部分，我们配合使用\<a>标签和\<span>标签来完成设计：

```
<footer>
        <a href="">©2017 Baidu 移动开放平台</a>
        <span>|</span>
        <a href="">服务协议</a>
        <span>|</span>
        <a href="">权利声明</a>
        <span>|</span>
        <a href="">帮助中心</a>
        <span>|</span>
        <a href="">版权投诉</a>
</footer>
```

2. CSS 部分

CSS 部分代码如下：

```
footer{
        width: 445px;
        margin:0 auto;
        font-size: 12px;
        margin-top: 44px;
        }
footer a{
        color: #666;
        }
```

11.2　案例总结

1. background-repeat *属性的几个值*

repeat：默认值。背景图片在纵向和横向上平铺显示。
no-repeat：背景图片不平铺显示。
repeat-x：背景图片仅在横向上平铺显示。
repeat-y：背景图片仅在纵向上平铺显示。

2. background-positon

在使用 background 的时候，一般在 HTML 部分加一个盒子<div>，然后在 CSS 部分，利用 background 来加载图片。这个时候，其实<div>的位置在浏览器中是固定的。图片默认加载的位置是页面的左上角。在案例中的<header>部分，我们要加载的图片距离右侧 645 像素；相对于<div>来说，相当于图片向左移动了 643px，所以在 CSS 部分其代码为 "background-position:-643px 0;"。很多人会对这里的负值不理解，其实简而言之，就是装图片的盒子不动，图片向左移动则其偏移量是负的，向上移动则其偏移量也是负的。

11.3　案例拓展

案例拓展

请实现如图 11-8 所示效果。

扫一扫，获取素材包以及源代码

您已成功安装思维导图MindMaster！

欢迎使用思维导图软件MindMaster，祝您使用愉快！

亿图图示　　MindMaster　　OrgCharting　　Edraw Project　　咨询客服

亿图图示教程帮助

通过视频教程和在线教程，您可以快速了解亿图图示设计软件的使用方法和操作要点。

访问视频教程　　访问在线教程　　下载帮助手册

图 11-8　思维导图 MindMaster 效果图

第 12 章　小米网页的实现

实现页面效果如图 12-1 所示。

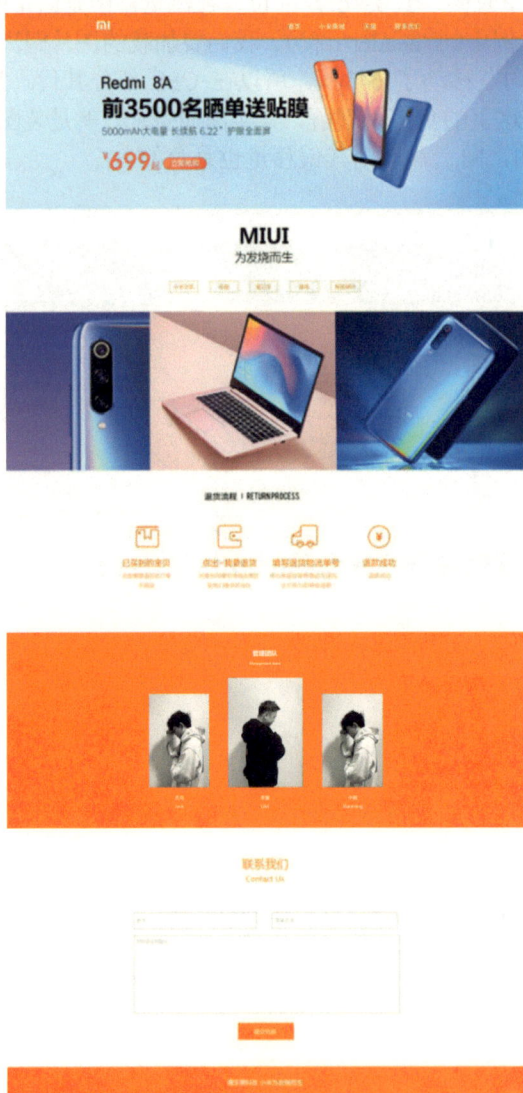

扫一扫，小米网页的实现素材
及源代码

图 12-1　小米网页实现效果

12.1　基础页面准备

小米网页由 7 个区域组成，分别为 header、banner、Portfolio、Policy、team、contactUs 及 footer，如图 12-2 所示。

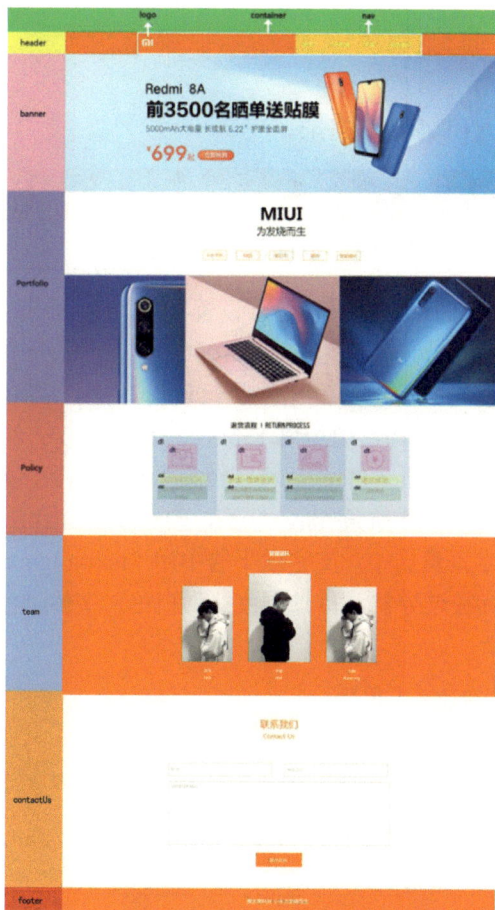

图 12-2　小米基础页面

12.1.1　<header>部分的实现

1. HTML 部分

在 HTML 部分，<header>标签一般用在网页的开头，作为头部。而网页中，所有标签是在 1200px 的宽度中居中显示的，所以我们为它套一个盒子，取名为 container。其左边是图片 logo，我们用<img>标签，右边是导航<nav>，其下有 4 个<a>标签，关键代码如下：

扫一扫，获取 <header>部分的 HTML 视频教程

```
<header>
    <div class="wrap">
```

```
                    <img src="images/logo.jpg">
                    <nav>
                        <a href="#">首页</a>
                        <a href="#">小米商城</a>
                        <a href="#">天猫</a>
                        <a href="#">联系我们</a>
                    </nav>
                </div>
            </header>
```

2. CSS 部分

<header>部分具体尺寸如图 12-3 所示。

图 12-3　<header>部分具体尺寸

在 CSS 部分，照例是把边框初始化为 0，设置字体，为<a>标签去下画线。

在<header>部分，先给<header>定宽(width: 100%;)、高(height: 93px;)和设置背景颜色为 #ff6801;<header>中有个盒子 container，利用块状元素使其居中显示，再利用"margin: 0 auto" 让 container 居中。logo 的位置，与上边距离 15px，左边有 150px 的间距，用 margin 实现。其中<a>是行内元素，要用"display: block"将其转换为块状元素，并设置浮动效果，否则导航不会排成一排，会向左浮动。导航条<nav>标签，向右浮动，给导航条下面的<a>标签定宽和高使其与行高相等，文字垂直居中，文字水平居中用"text-align: center"实现。为<a>标签添加 hover 效果，实现光标经过导航，背景颜色变为白色，字体颜色为#ff6801，代码如下：

```
*{
    padding: 0; /*初始化内边距为 0*/
    border: 0;  /*初始化边框为 0*/
    margin: 0;  /*初始化外边距为 0*/
    font-family: "Microsoft YaHei"; /*字体为微软雅黑*/
}
a{
    text-decoration: none; /*去除下画线样式*/
}

header{
    width: 100%; /*宽度 100%*/
    height: 93px; /*高度 93px*/
    background: #ff6801; /*背景颜色为#ff6801*/
}
header .wrap{
    width: 1200px; /*宽度 1200px*/
    height: 93px; /*高度 93px*/
    margin: 0 auto; /*水平居中*/
}

header .wrap img{
    margin-top: 18px; /*上边距 18px*/
}
header .wrap nav{
```

```
        float: right; /*右浮动*/
    }

    header .wrap nav a{
        width: 130px; /*宽度 130px*/
        height: 93px; /*高度 93px*/
        display: block; /*行内元素转为块状元素*/
        float: left; /*左浮动*/
        text-align: center; /*文字居中*/
        line-height: 93px; /*行高 93px*/
        color: #fff; /*字体颜色#fff*/
    }
    header .wrap nav a:hover{
        background: #fff; /*背景颜色#fff*/
        color: #ff6801; /*字体颜色#ff6801*/
    }
```

12.1.2 　<banner>部分的实现

1. HTML 部分

设置 section 名为 banner，这里要注意的是，图片是带有链接的，所以<img>标签要外套<a>标签。HTML 代码如下：

```
<section class="banner">
        <img src="images/banner1.jpg">
</section>
```

2. CSS 部分

首先为此模块 banner 定宽和高。img 图片的宽度 width 设为 100%，使图片的宽度适配浏览器的宽度，关键代码如下：

```
.banner{
    width: 100%; /*宽度 100%*/
    height:594px; /*高度 594px*/
}

.banner img{
    width: 100%; /*宽度 100%*/
}
```

12.1.3 　<Portfolio>部分的实现

1. HTML 部分

设置 section 名为 Portfolio，"MIUI"为<h1>标签，"为发烧而生"为<p>标签。中间一块我们设成 5 个<a>标签，外面用<nav>标签封装起来，代码如下：

扫一扫，获取
<Portfolio>部分的
HTML 视频教程

```
<section class="Portfolio">
```

```
            <h1>MIUI</h1>
            <p>为发烧而生</p>
            <nav>
                    <a href="#">小米手机</a>
                    <a href="#">电视</a>
                    <a href="#">笔记本</a>
                    <a href="#">家电</a>
                    <a href="#">智能硬件</a>
            </nav>
            <img src="images/Portfolio.jpg">
    </section>
```

2. CSS 部分

<Portfolio>部分具体尺寸如图 12-4 所示。

图 12-4　<Portfolio>部分具体尺寸

给<Portfolio>定宽和高，并且使用"text-align: center"使其文字居中。用"letter-spacing"控制字符间距，将<a>标签转化为块状元素后，可以为<a>标签加入样式 width 和 height，并利用 border 设置 2px 颜色为#ff6801 的边框。同时，利用 padding，拉开文字与边框的距离。利用 margin 使得每个<a>标签的左右两侧的距离为 21px（每个<a>标签左侧的距离也可以为 42px），代码如下：

```
.Portfolio{
    width: 100%; /*宽度 100%*/
    height: 917px; /*高度 917px*/
    text-align: center; /*文字居中*/
}

.Portfolio h1{
    font-size: 45px; /*字体大小 45px*/
    margin:66px 0 27px; /*上边距、右边距、下边距分别为 66px、0、27px*/
    font-weight: 900; /*字体粗细 900*/
}

.Portfolio p{
    font-size: 25px; /*字体大小 25px*/
}

.Portfolio nav{
```

```
        height: 43px; /*高度 43px*/
        width: 750px;/*104*5+210+20=*/ /*宽度 750px*/
        margin: 62px auto 67px; /*上边距：24px，左右自动，下边距：67px*/
}

.Portfolio nav a{
        width: 104px; /*宽度 104px*/
        height: 39px; /*高度 39px*/
        display: block; /*行内元素转为块状元素*/
        float: left; /*左浮动*/
        text-align: center; /*文字居中*/
        line-height: 39px; /*行高 39px*/
        color: #ff6801; /*字体颜色#ff6801*/
        border: 2px solid #ff6801; /*边框粗细为 2px，颜色为#ff6801 的实线*/
        margin: 0 21px; /*上边距为 0，右边距为 21px*/
        font-weight: 700; /*字体粗细为 700*/
}
.Portfolio nav a:hover{
        background: #ff6801; /*背景颜色为#ff6801*/
        color: #fff; /*字体颜色为#fff*/
}

.Portfolio img{
        width: 100%; /*宽度为 100%*/
}
```

12.1.4　<Policy>部分的实现

1. HTML 部分

设置此 section 名为 Policy，"退款流程"为<h1>标签，中间的 HTML 结构我们考虑用 4 个<dl>结构，其中<dt>用于存放图片，第一个<dd>用于存放小标题，第二个<dd>用于存放文案内容，利用
来控制换行的内容。代码如下：

```
<section class="Policy">
        <h1>退款流程</h1>
        <p>RETURNPROCESS</p>
        <dl>
                <dt><img src="images/stats1.jpg"></dt>
                <dd>已买到的宝贝</dd>
                <dd>找到需要退回的订单<br>中商品</dd>
        </dl>
        <dl>
                <dt><img src="images/stats2.jpg"></dt>
                <dd>点击—我要退货</dd>
                <dd>待审批同意将商品寄回<br>至我们提供的地址</dd>
        </dl>
        <dl>
                <dt><img src="images/stats3.jpg"></dt>
                <dd>填写退货物流单号</dd>
                <dd>待仓库签收审核商品无误后,<br>会尽快为您审批退款</dd>
        </dl>
        <dl>
```

```
            <dt><img src="images/stats4.jpg"></dt>
            <dd>退款成功</dd>
            <dd>退款成功</dd>
        </dl>

        <div class="policy">
            <img src="">
            <h2></h2>
            <p></p>
        </div>
    </section>
```

2. CSS 部分

<Policy>部分具体尺寸如图 12-5 所示。

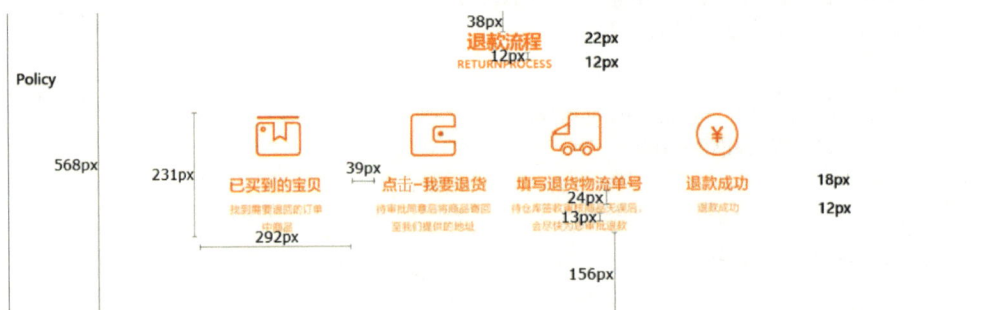

图 12-5　<Policy>部分具体尺寸

给<Policy>部分定宽和高并且使其中的文字居中显示。<Policy>下面有 4 个<dl>标签，利用浮动设置使得 4 个<dl>处在同一排，不要忘记给每个<dl>定宽度和高度。在这里，测量<dl>的尺寸时有个技巧，可以把<dl>之间的距离，也视为<dl>宽度，然后利用"text-align: center"使里面的文字和图片居中显示，代码如下：

```
.Policy{
    width: 1168px; /*宽度 1168px*/
    height: 568px; /*高度 568px*/
    margin: 0 auto; /*水平居中*/
    /*margin-top: 83px;*/
    text-align: center; /*文字居中*/
    color: #ff6801; /*字体颜色#ff6801*/
    font-size: 12px; /*字体大小 12px*/
}

.Policy h1{
    margin: 38px 0 12px; /*上边距 38px，右边距 0，下边距 12px*/
    font-size: 22px; /*字体大小 22px*/
    /*border: 2px solid black;*/
}

.Policy dl{
    float: left; /*左浮动*/
    width: 292px; /*宽度 292px*/
```

```
        height: 231px;    /*高度 231px*/
        text-align: center;        /*文字居中*/
        margin-top: 8px; /*上边距 8px*/
        margin-top: 76px; /*上边距 76px*/
    }
.Policy dl dd:nth-of-type(1){
        font-weight: bold; /*字体加粗*/
        margin: 39px 0 29px; /*上边距 39px，右边距 0，下边距 29px*/
        font-size: 18px; /*字体大小 18px*/
        /*margin-top: 39px;
        margin-bottom: 29px;*/
    }

.Policy dl dd:nth-of-type(2){
        font-size: 12px; /*字体大小 12px*/
    }
```

12.1.5　<team>部分的实现

1. HTML 部分

其设计思路与<Policy>部分一样，HTML 代码如下：

扫一扫，获取
<team>部分的
HTML 视频教程

```
<section class="Team">
        <h1>管理团队</h1>
        <p>Management team</p>
        <div class="main">
            <dl>
                <dt><img src="images/team1.jpg"></dt>
                <dd>杰克</dd>
                <dd>Jake</dd>
            </dl>
            <dl class="active">
                <dt><img src="images/team2.jpg"></dt>
                <dd>李雷</dd>
                <dd>Lilei</dd>
            </dl>
            <dl>
                <dt><img src="images/team1.jpg"></dt>
                <dd>小明</dd>
                <dd>Xiaoming</dd>
            </dl>
        </div>
    </section>
```

2. CSS 部分

<team>部分具体尺寸如图 12-6 所示。

在 CSS 部分，我们将<dl>、<dt>和<dd>都视为块状元素，相当于盒子，所以要先给盒子定宽和高。盒子是用来装图片的，我们怎么把图片的大小处理到想要的大小呢？这里直接让图片的高度与其父容器的高度一致，设置图片的高度为 100%即可，代码如下：

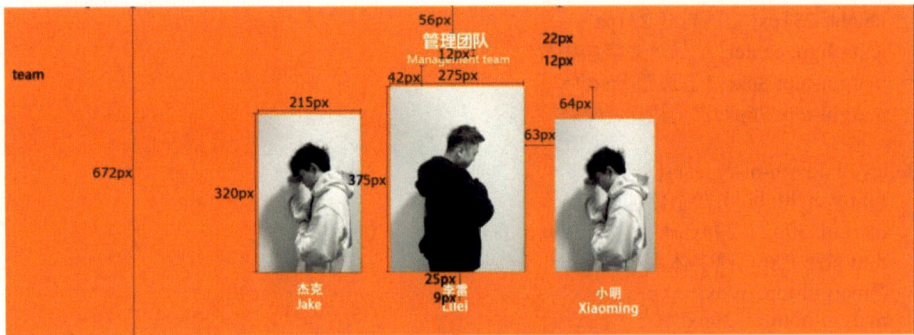

图 12-6　<team>部分具体尺寸

```
.Team{
    width: 100%; /*宽度 100%*/
    height: 672px; /*高度 672px*/
    background: #ff6801; /*背景颜色为#ff6801*/
    text-align: center; /*文字居中*/
    color: #fff; /*字体颜色#fff*/
}

.Team h1{
    font-size: 22px; /*字体大小 22px*/
    padding-top: 56px; /*上内边距 56px*/
}
.Team p{
    margin: 12px 0 42px; /*上边距 12px，右边距 0，下边距 42px*/
    font-size: 12px; /*字体大小 12px*/
}

.Team .main{
    width: 891px;/*430+275+186=705+186*/ /*宽度 891px*/
    margin: 0 auto; /*水平居中*/
}

.Team .main dl{
    float: left; /*左浮动*/
    margin:0 31px; /*上边距 0 右边距 31px*/
    width: 215px; /*宽度 215px*/
    height:470px; /*高度 470px*/
}
.Team .main dl.active{
    width: 275px; /*宽度 275px*/
}

.Team .main dl dt{
    width: 215px; /*宽度 215px*/
    height: 320px;/*  高度 320px*/
    overflow: hidden; /*溢出部分隐藏*/
    margin-top: 55px; /*上边距 55px*/
}
.Team .main dl.active dt{
    width: 275px; /*宽度 275px*/
    height: 375px; /*高度 375px*/
    margin-top: 0; /*上边距 0*/
}
```

```
.Team .main dl dt img{
    height: 100%; /*高度 100%*/
}

.Team .main dl dd:first-of-type{
    margin: 25px 0 9px; /*上边距、右边距、下边距分别为 25px、0、9px*/
}
```

12.1.6　<contactUs>部分的实现

1. HTML 部分

设置此 section 名为 contactUs，两个输入框采用<input>标签，里面的提示文字采用<placeholder>标签。为了让其居中，外面套一个盒子<div>。一个多行输入框采用<textarea>标签。最后的提交按钮，采用<button>标签。HTML 代码如下：

```
<section class="contactUs">
        <h1>联系我们</h1>
        <p>Contact Us</p>
        <div class="textInput">
            <input type="text" name="" placeholder="姓名">
            <input type="text" name="" placeholder="联系方式">
        </div>
        <div>
            <textarea placeholder="您的建议和意见"></textarea>
        </div>
        <button>提交信息</button>
</section>
```

扫一扫，获取
<contactUs>部分
的 CSS 视频教程

2. CSS 部分

<contactUs>部分具体尺寸如图 12-7 所示。

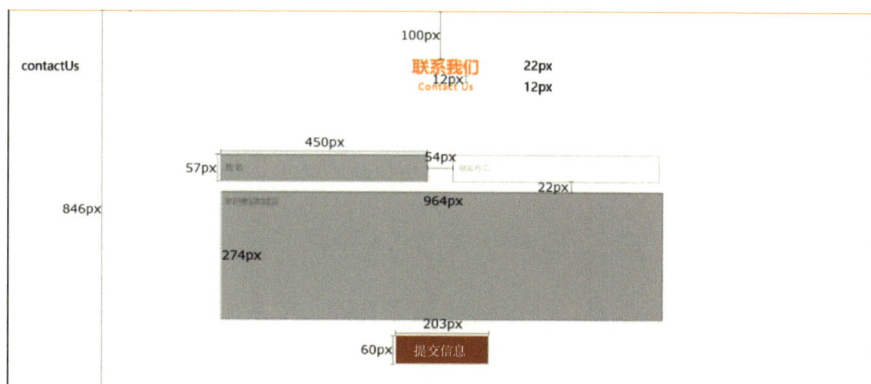

图 12-7　<contactUs>部分具体尺寸

为 4 个输入框定宽和高，并加边框样式。里面的<div>也要定宽，采用"margin:0 auto"使其居中，代码如下：

```
.contactUs{
```

```
        width: 100%; /*宽度 100%*/
        height: 846px; /*高度 846px*/
        text-align: center; /*文字居中*/
        color: #ff6801; /*字体颜色#ff6801*/
}

.contactUs h1{
        font-size: 22px; /*字体大小 22px*/
        margin: 100px 0 12px; /*上边距、右边距、下边距分别为 100px、0、12px*/
}

.contactUs p{
        font-size: 12px; /*字体大小 12px*/
}
.contactUs .textInput{
        margin: 126px 0 22px; /*上边距、右边距、下边距分别为 126px、0、22px*/
}

.contactUs .textInput input{
        width: 442px;
        height: 57px;
        margin: 0 27px; /*上边距、右边距分别为 0、27px*/
        border: 2px solid #9e9e9e;    /*边框粗细为 2、颜色#9e9e9e 的实线*/
        padding: 8px; /*内边距 8px*/
}
.contactUs textarea{
        width: 956px;
        height: 274px;
        border: 2px solid #9e9e9e;
        padding: 8px;
}

.contactUs button{
        width: 203px;
        height: 60px;
        background: #ff6801;
        color: #fff;
        font-size: 20px;
        margin-top: 33px;
}
```

12.1.7 <footer>部分的实现

1. HTML 部分

最后就是<footer>部分的实现，<footer>一般用在网页的末尾，为"搜索黑科技 小米为发烧而生"套入<p>标签，代码如下：

```
<footer>
        <p>搜索黑科技 小米为发烧而生</p>
</footer>
```

2. CSS 部分

<footer>部分具体尺寸如图 12-8 所示。

图 12-8　<footer>部分具体尺寸

给<footer>部分设置宽和高属性值，并设置背景颜色，width 值设为 100%，在<footer>中颜色可以布满整个浏览器，使<footer>中的文字垂直水平居中显示，代码如下：

```css
footer{
    width: 100%;
    height: 110px;
    color: #fff;
    text-align: center; /*文字居中*/
    line-height: 110px; /*行高 110px*/
    background: #ff6801;
}
```

12.2　案例总结

1. margin 的各种缩略写法

margin 的各种缩略写法如表 12-1 所示。

表 12-1　margin 的各种缩略写法

缩略写法	含　义
margin: 10px 5px 15px 20px;	上外边距是 10px 右外边距是 5px 下外边距是 15px 左外边距是 20px
margin: 10px 5px 15px;	上外边距是 10px 右外边距和左外边距是 5px 下外边距是 15px
margin: 10px 5px;	上外边距和下外边距是 10px 右外边距和左外边距是 5px
margin: 10px;	所有外边距都是 10px

2. 关于 display:inline-block

（1）行内元素——inline。

① 使元素变成行内元素，拥有行内元素的特性，即可以与其他行内元素共享一行，不会独占一行。

② 不能更改元素的 height、width 的值，大小由内容撑开。

③ 可以使 padding 上下左右都有效，margin 只有 left 和 right 属性可以产生边距效果，但是 top 和 bottom 属性就不行。

（2）块状元素——block。

① 使元素变成块状元素，独占一行，在不设置自己宽度的情况下，块状元素会默认填满父级元素的宽度。

② 能够改变元素的 height、width 的值。

③ 可以设置 padding、margin 的各个属性值，top、left、bottom、right 属性都能够产生边距效果。

（3）行内块元素——inline-block。

① 结合了 inline 与 block 的一些特点，即结合了 inline 的第①个特点和 block 的第②、③个特点。

② 用通俗的话讲，就是不独占一行的块状元素。

③ 行内块元素之间会有空隙。

12.3　案例拓展

扫一扫，获取案例拓展素材包

请实现如图 12-9 所示的效果。可以扫一扫右边的二维码，获得素材包。

图 12-9　案例拓展效果图

第 13 章　CSS3 图片效果切换的实现

实现页面效果如图 13-1 所示。

扫一扫，获取素材包
以及源代码

图 13-1　CSS 图片效果切换的实现效果图

13.1　基础页面准备

我们把整个网页分为三部分，如图 13-2 所示。

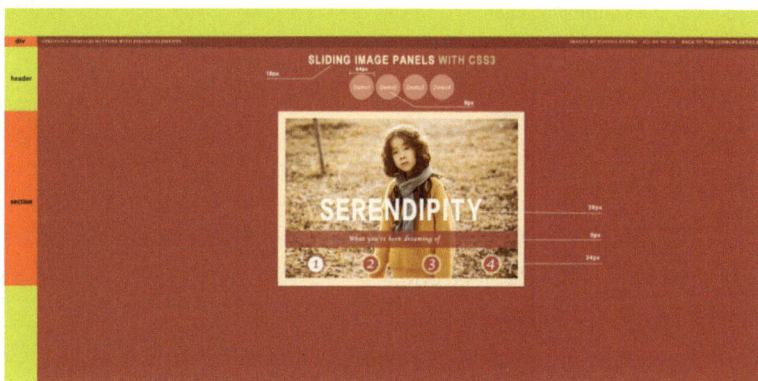

图 13-2　区域分布图

13.2　HTML 部分代码实现

1. <head>部分

<meta charset="UTF-8" />，为了不让中文出现乱码，该代码告诉浏览器用什么方式来读这页代码。

<meta http-equiv="X-UA-Compatible" content="IE=edge,chrome=1">，X-UA-Compatible 是针对 IE8 新加的一个设置，对于 IE8 之外的浏览器是不识别的，这个与"content="IE=7""有区别。无论页面是否包含<!DOCTYPE>指令，"content="IE=7""要求用 Windows Internet Explorer 7 的标准模式。

<title>Sliding Image Panels with CSS3</title>，给网页命名标题为"Sliding Image Panels with CSS3"。

<meta name="viewport" content="width=device-width, initial-scale=1.0">，设置 content 属性值。

● width:可视区域的宽度，值可为数字或关键词 device-width。

● intial-scale:页面首次被显示是可视区域的缩放级别，取值 1.0 则页面按实际尺寸显示，无任何缩放。

<link rel="…" href="…">。其参数说明如下。

● rel 属性用于描述当前页面与 href 所指定文档的关系。

● href 属性用于引入 CSS、JavaScript 文件。

HTML 代码如下:

```
<head>
    <meta charset="UTF-8" />
    <meta http-equiv="X-UA-Compatible" content="IE=edge,chrome=1">
    <title>Sliding Image Panels with CSS3</title>
    <meta name="viewport" content="width=device-width, initial-scale=1.0">
    <meta name="description" content="Sliding Image Panels with CSS3" />
    <meta name="keywords" content="sliding, background-image, css3, panel, images, slider" />
    <meta name="author" content="Codrops" />
    <link rel="shortcut icon" href="../favicon.ico">
    <link rel="stylesheet" type="text/css" href="css/demo.css" />
    <link rel="stylesheet" type="text/css" href="css/style1.css" />
</head>
```

2. <body>部分

<body>部分，我们分成 3 块区域，建一个<div>并命名为 container，内容包括第一部分<div>、第二部分<header>、第三部分<section>。

（1）第一部分<div>命名为 codrops-top。

<a href=""><strong></strong></a>，<a>标签里 href="" 内容表示链接，单击<a>标签将会弹到填写的链接中（#表示空链接，单击<a>标签将显示原页面）；<strong>标签主要表示很重要的显示并且以粗体来表现。

建一个<span>标签，把它当作一个盒子，放在右边，所以命名为 right。

<a>标签中 target 属性用于规定在何处打开链接文档，代码如下:

```
<div class="codrops-top">
    <a href="http://tympanus.net/Tutorials/CSSButtonsPseudoElements/">
    <strong>&laquo; Previous Demo: </strong>CSS Buttons with Pseudo-elements
    </a>
    <span class="right">
    <a href="http://www.behance.net/gallery/w-h-i-t-e/269865" target="_blank">Images by Joanna
Kustra</a>
    <a href="http://creativecommons.org/licenses/by-nc/3.0/" target="_blank">CC BY-NC 3.0</a>
    <a href="http://tympanus.net/codrops/2012/01/17/sliding-image-panels-with-css3/">
    <strong>Back to the Codrops Article</strong>
    </a>
    </span>
    <div class="clr"></div>
</div>
```

（2）第二部分<header>。用<h1>标签来写大标题，其中"with CSS3"用<span>标签，因为文字色彩设置不同。一般一段文字中，有几个字的样式比较特殊，比如加粗或者颜色不一样，我们可以使用<span>来单独设置这几个字的样式。

扫一扫，获取<head>部分 HTML 的视频教程

将<p>标签当作盒子，里面有 4 个链接，我们使用<a>标签。当然这里也可以用<div>标签。代码如下：

```
<header>
    <h1>Sliding Image Panels <span>with CSS3</span></h1>
    <p class="codrops-demos">
        <a class="current-demo" href="index.html">Demo 1</a>
        <a href="index2.html">Demo 2</a>
        <a href="index3.html">Demo 3</a>
        <a href="index4.html">Demo 4</a>
    </p>
</header>
```

（3）第三部分<section>。这部分我们要实现单击数字或者圆能切换图片的效果。为了让数字和圆能够关联，我们利用<input>与<label>标签之间的关系来实现。设置<label> 标签的 for 属性应该等于与它对应的<input>标签中的 id 名。为了保证<input>为单选项，我们需要把 4 个<input>的 name 属性设置成同一个名字。因此，我们要给<input>标签加上 id、name、class 属性，其中，

● name：用于指定标签的名称，在这里设置的目的是控制<input>使其成为单选项。

● id：用于指定标签的唯一标志，id 必须是唯一的。

● class：用于指定标签的类名。

扫一扫，获取<section>部分 HTML 的视频教程

<input>标签中 type 属性值为 radio，表示点选框，就是一个圆圈，选中后中间多出一个点◉。代码如下：

```
<input id="select-img-1" name="radio-set-1" type="radio" class="cr-selector-img-1" checked/>
<label for="select-img-1" class="cr-label-img-1">1</label>

<input id="select-img-2" name="radio-set-1" type="radio" class="cr-selector-img-2" />
<label for="select-img-2" class="cr-label-img-2">2</label>

<input id="select-img-3" name="radio-set-1" type="radio" class="cr-selector-img-3" />
```

```
<label for="select-img-3" class="cr-label-img-3">3</label>

<input id="select-img-4" name="radio-set-1" type="radio" class="cr-selector-img-4" />
<label for="select-img-4" class="cr-label-img-4">4</label>
<div class="clr"></div>/*此部分代码用来清除上面的内容*/
```

我们要做图片切换,在此案例中,一共要切换 4 张图片,每张图片分为 4 块。所以一张图片分装在 4 个盒子里,每个盒子装图片的 1/4 部分,关键代码如下:

```
<div>
<span>Slice 1 - Image 1</span></div>
<div>
<span>Slice 2 - Image 1</span>
</div>
<div>
    <span>Slice 3 - Image 1</span>
</div>
<div>
    <span>Slice 4 - Image 1</span>
</div>
```

这样的图片有 4 张,并且是按照顺序依次从上往下放置的,我们利用<span>标签来放置,所以第一个<div>放置了 4 张图片的第一部分。每张图片的第一部分均有<span>标签。将 4 张图片放入 4 个盒子中。关键代码如下:

```
<div>      <!--  4 张图片的第 1 部分 -->
        <span>Slice 1 - Image 1</span>
        <span>Slice 1 - Image 2</span>
        <span>Slice 1 - Image 3</span>
        <span>Slice 1 - Image 4</span>
    </div>
<div></div>   <!--  4 张图片的第 2 块 -->
<div></div>   <!--  4 张图片的第 3 块-->
<div></div>   <!--  4 张图片的第 4 块 -->
```

第二个小盒子<div>内容填的是 4 张图片的第二块;第三个小盒子<div>内容填的是 4 张图片的第三块;第四个小盒子<div>内容填的是 4 张图片的第四块。具体代码如下:

```
<div class="clr"></div>
<div class="cr-bgimg">
        <div>
            <span>Slice 1 - Image 1</span>
            <span>Slice 1 - Image 2</span>
            <span>Slice 1 - Image 3</span>
            <span>Slice 1 - Image 4</span>
        </div>
        <div>
            <span>Slice 2 - Image 1</span>
            <span>Slice 2 - Image 2</span>
            <span>Slice 2 - Image 3</span>
            <span>Slice 2 - Image 4</span>
        </div>
        <div>
            <span>Slice 3 - Image 1</span>
            <span>Slice 3 - Image 2</span>
            <span>Slice 3 - Image 3</span>
```

```
                    <span>Slice 3 - Image 4</span>
                </div>
                <div>
                    <span>Slice 4 - Image 1</span>
                    <span>Slice 4 - Image 2</span>
                    <span>Slice 4 - Image 3</span>
                    <span>Slice 4 - Image 4</span>
                </div>
        </div>
```

设置一个大盒子<div>并命名为 cr-titles，内设 4 个<h3>标签，分别用于设置每张图片的小标题，代码如下：

```
<div class="cr-titles">
    <h3><span>Serendipity</span><span>What you've been dreaming of</span></h3>
    <h3><span>Adventure</span><span>Where the fun begins</span></h3>
    <h3><span>Nature</span><span>Unforgettable eperiences</span></h3>
    <h3><span>Serenity</span><span>When silence touches nature</span></h3>
</div>
```

13.3　CSS 代码实现

建两个文档，分别为 demo.css 和 style1.css，与 HTML 代码进行连接。把第一部分<div>和第二部分<header>的 CSS 样式写在 demo.css 中，第三部分<section>的 CSS 样式写在 style1.css 中。CSS 图片效果切换的实现尺寸图如图 13-3 所示。

图 13-3　CSS 图片效果切换的实现尺寸图

13.3.1　@font-face 设置

@font-face 是 CSS3 中的一个模块，它主要是把自己定义的 Web 字体嵌入到网页中。字体的名称，@font-face 设置规则如下所示：

● font-family: myFirstFont，用于规定字体的名称。在新的 @font-face 规则中，必须首先定义字体的名称（比如 myFirstFont），然后指向该字体文件。

● src: url('Sansation_Light.ttf')，如果字体文件处在不同的位置，请使用完整的 URL。

● font-weight，可选（值在 100~700 之间），用于定义字体的粗细，默认值是"正常"（normal）。

● font-style：可选（其值有 normal，italic，oblique），用于定义该字体的样式，默认值是"正常"（normal）。

```
@font-face {
    font-family: 'BebasNeueRegular';
    src: url('fonts/BebasNeue-webfont.eot');
    src: url('fonts/BebasNeue-webfont.eot?#iefix') format('embedded-opentype'),
        url('fonts/BebasNeue-webfont.woff') format('woff'),
        url('fonts/BebasNeue-webfont.ttf') format('truetype'),
        url('fonts/BebasNeue-webfont.svg#BebasNeueRegular') format('svg');
    font-weight: normal;
    font-style: normal;
}
```

13.3.2 CSS 重置

所有写出来的标签都要调用一个样式，把这些标签的 padding 值、margin 值都置 0。

在 CSS 中，margin 值是指从自身边框到另一个容器边框之间的距离，就是容器外距离。

在 CSS 中，padding 值是指自身边框到自身内部另一个容器边框之间的距离，就是容器内距离。

在 CSS 中，border 简写属性用于在一个声明中设置所有的边框属性。

CSS 重置代码如下：

```
* {
    margin:0;
    padding:0;
    border:0;
}
table {
    border-collapse:collapse;
    border-spacing:0;
}
```

13.3.3 通用样式设置

给<body>标签设置字体、背景颜色、字体粗细、字体大小、字体颜色属性，以及对内容的上/下边缘进行裁剪——如果溢出元素内容区域的话。

提示：使用 overflow-y 属性来确定对上/下边缘的裁剪。

通用样式设置代码如下：

```
body{
    font-family: Cambria, Palatino, "Palatino Linotype", "Palatino LT STD", Georgia, serif;
    background: #fff url(../images/bg.png) repeat top left;
    font-weight: 400;
    font-size: 15px;
    color: #3a2127;
    overflow-y: scroll;
}
```

给 HTML 中的所有<a>标签设置字体颜色为#333，以及去掉它的下画线，代码如下：

```
a{
```

```
        color: #333;
        text-decoration: none;
    }
```

对命名为 container 的块状元素进行设置，让其高度与宽度值分别跟随浏览器变化，以及它里面的所有行内元素居中，同时将它相对定位。

```
.container{
    width: 100%;
    height: 100%;
    position: relative;
    text-align: center;
}
```

将命名为 clr 的<div>设置清除全部样式。

```
.clr{
    clear: both;
}
```

13.3.4　<container>部分

<container>部分具体尺寸如图 13-4 所示。

扫一扫，获取
<header>部分
CSS 的视频教程

图 13-4　<container>部分具体尺寸

为<container>下的<header>设置 padding 值的上、左、下、右分别为 20px、30px、10px、30px；margin 值的上、左、下、右分别为 0px、20px、10px、20px，将它相对定位；将元素显示为块状元素；给文本设置阴影效果，分别设置大小为 5px、5px、5px 和阴影颜色为 rgba(R、G、B、透明度)；最后将文本居中显示。

提示：text-shadow 属性的数据依次是：阴影水平偏移值（可取正负值）、阴影垂直偏移值（可取正负值）、阴影模糊值、阴影颜色。代码如下：

```
.container header{
    padding: 20px 30px 10px 30px;
```

```
        margin: 0px 20px 10px 20px;
        position: relative;
        display: block;
        text-shadow: 1px 1px 1px rgba(0,0,0,0.2);
        text-align: center;
    }
```

给<header>部分下的<h1>设置字体、字体大小、行高、相对定位、字体粗细、字体颜色、字体阴影及 padding 值，代码如下：

```
.container header h1 {
    font-family: 'BebasNeueRegular', 'Arial Narrow', Arial, sans-serif;
    font-size: 35px;
    line-height: 35px;
    position: relative;
    font-weight: 400;
    color: rgba(255,229,202,0.9);
    text-shadow: 1px 1px 1px rgba(0,0,0,0.1);
    padding: 0px 0px 5px 0px;
}
```

扫一扫，获取
<header>部分
hover 效果视频
教程

给<h1>下的<span>标签设置字体颜色和字体阴影，代码如下：

```
.container > header h1 span{
    color: #d2ac83;
    text-shadow: 0px 1px 1px rgba(255,255,255,0.8);
}
```

给<header>下的<h2>设置字体大小、字体样式、字体颜色和字体阴影，代码如下：

```
.container > header h2{
    font-size: 16px;
    font-style: italic;
    color: #2d6277;
    text-shadow: 0px 1px 1px rgba(255,255,255,0.8);
}
```

13.3.5 <section>部分

<section>部分具体尺寸如图 13-5 所示。

扫一扫，获取
<section>部分
CSS 的视频教程

图 13-5 <section>部分具体尺寸

将<section>命名为 cr-container，并设置它的宽和高，让它与父元素浏览器的大小保持一致。设置相对定位，让盒子水平居中，将它的边框设置为 20 px，实线，颜色为#fff，以及给盒子设置阴影。

提示：

（1）margin:0 auto，在不同场景下生效条件如下。

● 块状元素：给定要居中的块状元素的宽度。

● 行内元素：设置 display:block，给定要居中的行内元素的宽度（行内元素设置成块状元素后可以对其设置宽高）。

（2）box-shadow，它的数据依次是：阴影水平偏移值（可取正负值）、阴影垂直偏移值（可取正负值）、阴影模糊值、阴影颜色。

代码如下：

```
.cr-container{
    width: 600px;
    height: 400px;
    position: relative;
    margin: 0 auto;
    border: 20px solid #fff;
    box-shadow: 1px 1px 3px rgba(0,0,0,0.1);
}
```

给<section>下的<label>标签设置字体样式为斜体，并定义宽和高，光标经过时显示的是一个手形图标，设置其字体颜色、行高、字体大小、向左浮动，给它设置相对定位，与下面的<label：before>相对应，设置其外边距顶部距离为350px，再设置元素的堆叠顺序，将这个元素叠加在另一元素之上。

● cursor 属性：规定要显示的光标的类型（形状）。本次用到的是 pointer，光标呈现为指示链接的指针（一个手形图标）。

● z-index 属性：设置元素的堆叠顺序。拥有更高堆叠顺序的元素总会处于堆叠顺序较低的元素的前面。数值为最大的，会显示在最上层。

代码如下：

```
.cr-container label{
    font-style: italic;
    width: 150px;
    height: 30px;
    cursor: pointer;
    color: #fff;
    line-height: 32px;
    font-size: 24px;
    float:left;
    position: relative;
    margin-top:350px;
    z-index: 1000;
}
```

利用:before 选择器在被选元素的前面插入内容，具体内容如下：

```
.cr-container label:before{
    content:'';
```

```
        width: 34px;
        height: 34px;
        background: rgba(181,69,59,0.9);
        position: absolute;
        left: 50%;
        margin-left: -17px;
        border-radius: 50%;
        box-shadow: 0px 0px 0px 4px rgba(255,255,255,0.3);
        z-index:-1;
    }
```

同样地，在<label>标签后加上指定的内容，设置其宽和高。标签后插入的内容为空，给背景颜色设置成线性渐变，渐变轴从顶部开始。将元素设置绝对定位，与<label>标签对应，由于是定位元素，所以直接写与 bottom 底部距离的负值即−20px，紧靠右边。

实现渐变我们需要用到 linear-gradient 属性，这个属性的正确用法是 linear-gradient(rgba (red, green, blue, opacity), rgba(red, green, blue, opacity)); 在这里要小心 linear-gradient 后面不能有空格，否则这个渐变会没有效果。

filter 属性用于定义元素（通常是<img>）的可视效果（例如，模糊与饱和度）。

属性前缀（-moz-、-ms-、-webkit-、-o-）说明如下：

● -moz-，代表 Firefox 浏览器私有属性。

● -ms-，代表 IE 浏览器私有属性。

● -webkit-，代表 Safari、Chrome 私有属性。

● -o-，代表 Opera 私有属性。

注意：CSS3 作为页面样式的表现语言，增加了很多新的属性，但是部分 CSS3 属性在一些浏览器上还处于试验阶段，所以为了有效地显示 CSS3 的样式，对应不同的浏览器内核需要不同的前缀声明。

代码如下：

```
.cr-container label:after{
        width: 1px;
        height: 400px;
        content: '';
        background: -moz-linear-gradient(top, rgba(255,255,255,0) 0%, rgba(255,255,255,1) 100%);
        background: -webkit-gradient(linear, left top, left bottom, color-stop(0%,rgba(255,255,255,0)), color-
stop(100%,rgba(255,255,255,1)));
        background: -webkit-linear-gradient(top, rgba(255,255,255,0) 0%,rgba(255,255,255,1) 100%);
        background: -o-linear-gradient(top, rgba(255,255,255,0) 0%,rgba(255,255,255,1) 100%);
        background: -ms-linear-gradient(top, rgba(255,255,255,0) 0%,rgba(255,255,255,1) 100%);
        background: linear-gradient(top, rgba(255,255,255,0) 0%,rgba(255,255,255,1) 100%);
        filter:  progid:DXImageTransform.Microsoft.gradient(  startColorstr='#00ffffff', endColorstr='#ffffff',
GradientType=0 );
        position: absolute;
        bottom: -20px;
        right: 0px;
    }
```

接下来，我们将命名为 cr-label-img-4 的<label>标签的宽度设置为 0，因为线条可以起到对图片的分隔作用，因此只要三根线条就可以，第四根线是多余的，所以将其宽度设置为 0。对于选定的元素，当鼠标单击时，其字体颜色变为#bd483f。checked 属性规定在页面加载时应该显示被预先选定的 input 元素。checked 属性与<input type="checkbox"> 或 <input type="radio"> 要配合使用。checked 属性也可以在页面加载后通过 JavaScript 代码进行设置。在选中的元素前（:before）加上指定的内容，当鼠标单击时变换背景颜色。代码如下：

```
.cr-container label.cr-label-img-4:after{
    width: 0px;
}
.cr-container input.cr-selector-img-1:checked ~ label.cr-label-img-1,
.cr-container input.cr-selector-img-2:checked ~ label.cr-label-img-2,
.cr-container input.cr-selector-img-3:checked ~ label.cr-label-img-3,
.cr-container input.cr-selector-img-4:checked ~ label.cr-label-img-4{
    color: #bd483f;
}
.cr-container input.cr-selector-img-1:checked ~ label.cr-label-img-1:before,
.cr-container input.cr-selector-img-2:checked ~ label.cr-label-img-2:before,
.cr-container input.cr-selector-img-3:checked ~ label.cr-label-img-3:before,
.cr-container input.cr-selector-img-4:checked ~ label.cr-label-img-4:before{
    background: #fff;
    box-shadow: 0px 0px 0px 4px rgba(189,72,63,0.6);
}
.cr-container input{
    display: none;
}
```

给选中的元素定义宽和高，让它绝对定位于<section>，将它在顶部和左边的距离设置为 0，再设置元素的堆叠顺序。

让选中的元素背景显示图片不重复，并定位背景坐标。

为选中的元素<div>定义宽和高，设置相对定位，并让它向左浮动，把多出来的部分隐藏，背景图片设置为不重复显示。

让选中的元素<span>绝对定位于<div>标签，将它的宽、高设置为 100%，与左边的距离取负值即-150px，设置元素的堆叠顺序，并对首行文本进行缩进处理。代码如下：

```
.cr-bgimg{
    width: 600px;
    height: 400px;
    position: absolute;
    left: 0px;
    top: 0px;
    z-index: 1;
}
.cr-bgimg{
    background-repeat: no-repeat;
    background-position: 0 0;
}
.cr-bgimg div{
    width: 150px;
    height: 100%;
    position: relative;
    float: left;
    overflow: hidden;
    background-repeat: no-repeat;
}
```

```
.cr-bgimg div span{
    position: absolute;
    width: 100%;
    height: 100%;
    top: 0px;
    left: -150px;
    z-index: 2;
    text-indent: -9000px;
}
```

提示：

● overflow 属性用于规定当内容溢出元素框时发生的事情。

● text-indent 属性用于规定文本块中首行文本的缩进（注意：其允许使用负值。如果使用负值，那么首行会被缩进到左边）。

我们在 HTML 部分说过，将 1 张图片装在了 4 个盒子里。第一个盒子从上往下依次是这 4 张图片的第一部分。所以第一个<span>标签，加载的是第 1 张图片。第二个<span>标签加载的是第二张图片。并且我们单击按钮 1，第一张图片被切换。单击按钮 2，切换成第二张图片。代码如下：

```
.cr-container input.cr-selector-img-1:checked ~ .cr-bgimg,
.cr-bgimg div span:nth-child(1){
    background-image: url(../images/1.png);
}
.cr-container input.cr-selector-img-2:checked ~ .cr-bgimg,
.cr-bgimg div span:nth-child(2){
    background-image: url(../images/2.png);
}
.cr-container input.cr-selector-img-3:checked ~ .cr-bgimg,
.cr-bgimg div span:nth-child(3){
    background-image: url(../images/3.png);
}
.cr-container input.cr-selector-img-4:checked ~ .cr-bgimg,
.cr-bgimg div span:nth-child(4){
    background-image: url(../images/4.png);
}
```

提示： nth-child()选择器用于匹配属于其父元素的第 N 个子元素（不论元素的类型）。

我们在 HTML 部分说过，一张图片被分成了 4 块，并用 4 个盒子来装，第一个盒子读取的是图片的第一个 1/4 部分。第二个盒子读取的是图片的第二个 1/4 部分。我们利用 background-position 来进行图片的定位。代码如下：

```
.cr-bgimg div:nth-child(1) span{
    background-position: 0px 0px;
}
.cr-bgimg div:nth-child(2) span{
    background-position: -150px 0px;
}
.cr-bgimg div:nth-child(3) span{
    background-position: -300px 0px;
}
.cr-bgimg div:nth-child(4) span{
    background-position: -450px 0px;
}
```

给选中的元素设置动画效果，即 animation（动画）以慢速开始和结束的过渡效果。每张图片是被分成 4 块来做动画效果的，所以每个<div>标签下面的<span>都要设置动画属性。代码如下：

```
.cr-container input:checked ~ .cr-bgimg div span{
    -webkit-animation: slideOut 0.6s ease-in-out;
    -moz-animation: slideOut 0.6s ease-in-out;
    -o-animation: slideOut 0.6s ease-in-out;
    -ms-animation: slideOut 0.6s ease-in-out;
    animation: slideOut 0.6s ease-in-out;
}
```

定义关键帧动画。给选中的元素设置动画效果，当动画进度为 0%时，与左边的距离为0。当动画进度为 100%时，与左边的距离为 150px（1/4 图片的宽度）。这里要注意对于不同浏览器的适配情况。代码如下：

```
@-webkit-keyframes slideOut{
    0%{ left: 0px; }
    100%{ left: 150px; }
}
@-moz-keyframes slideOut{
    0%{ left: 0px; }
    100%{ left: 150px; }
}
@-o-keyframes slideOut{
    0%{ left: 0px; }
    100%{ left: 150px; }
}
@-ms-keyframes slideOut{
    0%{ left: 0px; }
    100%{ left: 150px; }
}
@keyframes slideOut{
    0%{ left: 0px; }
    100%{ left: 150px; }
}
```

为选中的元素设置过渡效果，将它的动画隐藏，与左边的距离设为 0，并设置元素的堆叠顺序。代码如下：

```
.cr-container input.cr-selector-img-1:checked ~ .cr-bgimg div span:nth-child(1),
.cr-container input.cr-selector-img-2:checked ~ .cr-bgimg div span:nth-child(2),
.cr-container input.cr-selector-img-3:checked ~ .cr-bgimg div span:nth-child(3),
.cr-container input.cr-selector-img-4:checked ~ .cr-bgimg div span:nth-child(4)
{
    -webkit-transition: left 0.5s ease-in-out;
    -moz-transition: left 0.5s ease-in-out;
    -o-transition: left 0.5s ease-in-out;
    -ms-transition: left 0.5s ease-in-out;
    transition: left 0.5s ease-in-out;
    -webkit-animation: none;
    -moz-animation: none;
    -o-animation: none;
    -ms-animation: none;
    animation: none;
```

```
        left: 0px;
        z-index: 10;
    }
```

将\<div\>标签命名为 cr-titles，其下的\<h3\>设置绝对定位于\<section\>，设置宽度为 100%，将文本居中。设置高度为相对定位元素的 50%，再设置元素的堆叠顺序，然后设置元素的不透明级别为 0，最后设置字体颜色为#fff、文本阴影及过渡效果。代码如下：

```
.cr-titles h3{
    position: absolute;
    width: 100%;
    text-align: center;
    top: 50%;
    z-index: 10000;
    opacity: 0;
    color: #fff;
    text-shadow: 1px 1px 1px rgba(0,0,0,0.1);
    -webkit-transition: opacity 0.8s ease-in-out;
    -moz-transition: opacity 0.8s ease-in-out;
    -o-transition: opacity 0.8s ease-in-out;
    -ms-transition: opacity 0.8s ease-in-out;
    transition: opacity 0.8s ease-in-out;
}
```

扫一扫，获取文
字切换视频教程

设置\<h3\>下\<span\>标签的第一个子元素的字体、字体大小，并显示为块状元素，以及增加字符间的空白。代码如下：

```
.cr-titles h3 span:nth-child(1){
    font-family: 'BebasNeueRegular', 'Arial Narrow', Arial, sans-serif;
    font-size: 70px;
    display: block;
    letter-spacing: 7px;
}
```

提示：letter-spacing 属性用于增加或减少字符间的空白（字符间距）。

设置\<h3\>下\<span\>标签的第二个子元素的字符间距，并显示为块状元素，设置其背景颜色、字体大小、padding 值、字体样式和字体。代码如下：

```
.cr-titles h3 span:nth-child(2){
    letter-spacing: 0px;
    display: block;
    background: rgba(174,65,56,0.9);
    font-size: 14px;
    padding: 10px;
    font-style: italic;
    font-family: Cambria, Palatino, "Palatino Linotype", "Palatino LT STD", Georgia, serif;
}
```

为选中的元素设置透明度，代码如下：

```
.cr-container input.cr-selector-img-1:checked ~ .cr-titles h3:nth-child(1),
.cr-container input.cr-selector-img-2:checked ~ .cr-titles h3:nth-child(2),
.cr-container input.cr-selector-img-3:checked ~ .cr-titles h3:nth-child(3),
.cr-container input.cr-selector-img-4:checked ~ .cr-titles h3:nth-child(4){
    opacity: 1;
```

```
}
```

设置移动端自适应，将 input 元素设置为内联元素，元素前后没有换行符，宽度为 24%，与顶部距离为 350px。设置元素的堆叠顺序和相对定位，将<label>标签设置为隐藏。利用 @media screen 实现网页布局的自适应，表示只有在屏幕尺寸小于 768px 时（max-width: 768px），才会应用下面的样式，可以在移动端自适应。代码如下：

```
@media screen and (max-width: 768px) {
    .cr-container input{
        display: inline;
        width: 24%;
        margin-top: 350px;
        z-index: 1000;
        position: relative;
    }
    .cr-container label{
        display: none;
    }
}
```

13.4　案例总结

13.4.1　关于动画

目前只有 Firefox、Chrome 和 Safari 浏览器支持与 animation 动画相关的属性，其他主流浏览器还不支持；但是这 3 个浏览器并未支持标准的与 animation 动画相关的属性，需要为 Firefox 浏览器添加-moz-前缀，为 Chrome 和 Safari 浏览器添加-webkit-前缀。

利用 animation 属性添加动画效果，实现动画我们一般需要定义关键帧，关键帧的正确用法是：

```
@-webkit-keyframes opacityAnim{
from{opacity：0}；
to{opacity：1；}
}
```

keyframes 的后面要跟关键帧的属性，比如要设置透明度则后面写 opacity。

13.4.2　关于过渡

利用 transition 属性可以添加过渡效果，可以指定参与过渡属性、过渡时间、过渡延迟时间、过渡动画类型等。

过渡的动画类型有以下几种。

- linear：线性过渡。
- ease：平滑过渡。
- ease-in：逐渐加速。
- ease-out：逐渐减速。
- ease-in-out：先加速后减速。

13.4.3 关于变形

利用 transform 属性进行变形处理，主要有旋转、缩放、平移、倾斜。
- rotate：旋转（后面要跟上 deg）。
- scale：缩放，如果要在某一个轴上进行缩放，则可以在 scale 后面加上 x 或者 y，例如，在 x 轴上缩放，表达为 scalex。
- translate：平移（后面跟 px），如果要在某一个轴上进行平移，则可以在 translate 后面加上 x 或者 y，例如，在 x 轴上平移，表达为 translatex。
- skew：倾斜（后面要跟上 deg），如果要在某一个轴上进行倾斜，则可以在 skew 后面加上 x 或者 y，例如，在 x 轴上倾斜，表达为 skewx。

13.4.4 关于相对定位和绝对定位

"父亲"元素用相对定位，"儿子"元素用绝对定位，这句话是什么意思呢？也就是说绝对定位要以相对定位为参照物，不管什么值，比如距离、定位，都要参考相对定位，用了绝对定位和相对定位之后它将脱离文档流，此时我们要用浮动来解决这个问题。

1. releative

在使用相对定位时，就算元素被偏移了，但是它仍然占据着没偏移前的空间。这里值得注意的一点是，偏移可不是边距，它跟边距是不一样的。同时，它的偏移也不会把别的块从文档流中原来的位置挤开，如果有重叠的地方它会重叠在其他文档流元素之上，而不是把它们挤开。我们可以设置它的 z-index 属性来调整它的堆叠顺序。

2. position

被设置了绝对定位的元素，在文档流中是不占据空间的，如果某元素设置了绝对定位，那么它在文档流中的位置会被删除，那这个元素到哪儿去了呢？它浮了起来，其实设置了相对定位 relative 时也会让该元素浮起来，但它们的不同点在于，相对定位不会删除它本身在文档流中占据的那块空间，而绝对定位则会删除该元素在文档流中的位置，完全从文档流中抽了出来，我们可以通过 z-index 来设置它们的堆叠顺序。还有一点需要注意的就是，在设置偏移量时，我们可以设置负值。

13.4.5 box-shadow 和 border 值的区别

如果要给一个物体加上边框值，我们需要算上这个物体的 padding 值，如图 13-6 所示。

而如果要给一个物体加上阴影则不需要算上这个物体本身的宽高，只需要计算阴影的宽度即可，这就是 box-shadow 比 border 值存在的优势，可以大大减少计算量。

13.4.6 text-shadow 和 box-shadow

text-shadow 和 box-shadow 的数据依次是：阴影水平偏移值（可取正负值）、阴影垂直偏移值（可取正负值）、阴影模糊值、阴影颜色。

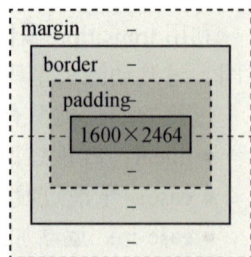

图 13-6 width 计算

13.4.7　属性前缀（-moz-、-ms-、-webkit-、-o-）

-moz-、-ms-、-webkit-、-o-分别代表 Firefox、IE、Safoari 和 Chrome、Opera 浏览器的私有属性。

13.4.8　其他关键问题小结

（1）transition 属性：用于设置元素过渡效果。

（2）@keyframes 规则用于创建动画。在 @keyframes 中规定某项 CSS 样式，就能创建由当前样式逐渐改为新样式的动画效果。

（3）animation 属性，其有以下参数。

● slideOut：创建的动画名。

● 0.6s：动画执行时间。

● ease-in-out：慢速开始和结束的过渡效果。

（4）z-index 属性：用于设置元素的堆叠顺序。拥有更高堆叠顺序的元素总会处于堆叠顺序较低的元素的前面。

（5）border-radius 属性，该属性允许为元素添加圆角边框。

（6）:before 选择器在被选元素的前面插入内容，:after 选择器在被选元素的后面插入内容。

（7）关于渐变。要想实现渐变效果，我们需要用到 linear-gradient 属性，这个属性的正确用法是 linear-gradient(rgba(red, green, blue, opacity), rgba(red, green, blue, opacity))。

13.5　案例拓展

案例拓展

完成奔跑的小熊动画，如图 13-7 所示。

扫一扫，获取素材包以及源代码

图 13-7　聚水滴案例效果图

图 13-8　效果图

第 14 章　弹性布局综合案例实现

弹性布局综合案例的首页代码，HTML 部分总共分 5 大部分，效果如图 14-1 所示。

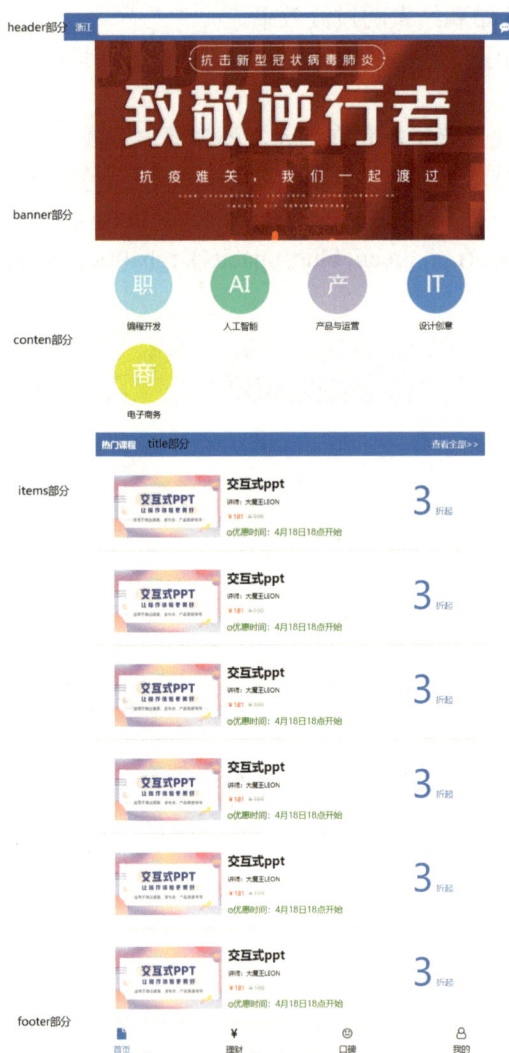

扫一扫，获取素材包以及源代码

图 14-1　弹性布局综合案例

14.1　案例实现

该案例，我们从简单部分，也就是\<footer\>部分入手开始实现。

14.1.1　\<footer\>部分的实现

1. HTML 部分

在 HTML 部分，利用 4 个\<div\>搭建结构，这里有个小技巧，可使用快捷方式迅速搭建 4 个类名相同的\<div\>，具体方法见 HTML 代码中。引入 font awesome 字体库，根据官网提示，利用以下格式引入图标：

```
<i class="fa fa-camera-retro fa-lg"></i>
```

为引用 font awesome 字体库，在代码头部，要引入"font-awesome.min.css"包。HTML 代码如下：

```
<link rel="stylesheet" type="text/css" href="font-awesome-4.7.0/css/font-awesome.min.css">
<footer>
    <!-- 可使用快捷方式 div.footertoolbar*4 -->
        <div class="footer-toolbar active">
            <a href="#" class="icon_a"><i class="fa fa-file fa-lg"></i></a>
            首页
        </div>
        <div class="footer-toolbar">
            <a href="#" class="icon_a"><i class="fa fa-cny (alias) fa-lg"></i></a>
            理财
        </div>
        <div class="footer-toolbar">
            <a href="#" class="icon_a"><i class="fa fa-meh-o fa-lg"></i></a>
            口碑
        </div>
        <div class="footer-toolbar">
            <a href="#" class="icon_a"><i class="fa fa-user-o fa-lg"></i></a>
            我的
        </div>
</footer>
```

2. CSS 部分

\<footer\>部分，固定在浏览器的底部。我们利用 fixed 定位，设置其相对于底部距离为 0。利用弹性布局，将其子容器 footer-toolbar 设置 flex 为 1，这样我们就实现了均分页面宽度的效果。

```
footer{
    width: 100%;
    position: fixed;   /*相对于浏览器固定在底部*/
    bottom: 0;
    display: flex;/*设置 footer 主容器弹性布局*/
```

```
        text-align: center;/*里面的文字居中*/
        height: 54px;
        background-color: #f8fcff;
        border-top: 1px solid #eaeaea;
    }

    footer .footer-toolbar{
        flex: 1;/*均分所有的空间，让每个盒子各占一份*/
    }

    footer .icon_a{
        display: block;    /*转为块状元素，设置图片与文字各占一行*/
        margin: 8px 0;
    }

    footer .active{
        color: #1577ff;      /*字体设置首页为蓝色*/
    }

    footer .active a{
        color: #1577ff;    /*图标设置首页为蓝色*/
    }
```

14.1.2　<header>部分的实现

1. HTML 部分

<header>部分效果与<footer>部分差不多。在这里，我们也引入 font awesome 字体库中的信息图标。HTML 关键代码如下：

```
<header>
        <a href="#" class="header_address">浙江</a>
        <a href="#" class="header_search"><input type="text" name=""></a>
        <a href="#" class="header_message"><i class="fa fa-commenting fa-lg">
</i></a>
        </header>
```

扫一扫，获取讲解视频

2. CSS 部分

CSS 部分的重点在于对搜索框的设置。要让它随着浏览器进行变化，我们需要设置 header_search 的 flex 为 1，即除了地点和信息外所占空间，所有剩余空间全部分配给搜索框。CSS 关键代码如下：

```
header{
        width: 100%;
        height: 44px;
        position: fixed;
        top: 0;
        background: #1676fe;
        padding: 0 10px;       /*设置外边距为 10px*/
        display: flex;/*设置 header 主容器为弹性布局*/
        align-items: center;    /*设置交叉轴上的内容（文字、输入框、图标）垂直居中*/
    }
```

```
.header_address{
    color: #fff;
    margin-left: 10px; /*  设置图标外边距 10px*/
}
.header_search{
    width: 100%;
    flex: 1; /*分配剩余空间全都给搜索框*/
    margin:0 12px 0 10px;
}
```

14.1.3　<content>部分的实现

根据效果图，我们发现这 5 张图片，呈多行排列，并且随着页面大小的变化，一排始终显示 4 张图片。我们利用设置外面的 content 弹性布局，来使图标多行排列。设置.content_subject 为弹性布局，并设置垂直方向为主轴方向，来实现图片文字呈两排排列并在容器内垂直水平居中。

HTML 关键代码如下：

扫一扫，获取讲解视频

```
<div class="content">
    <div class="content_subject"><img src="images/1.png"><span>编程开发</span> </div>
    <div class="content_subject"><img src="images/2.png"><span>人工智能</span></div>
            ……
</div>
```

CSS 关键代码如下：

```
.content{
    display: flex;
    flex-wrap: wrap; /*设置多行排列*/
    padding: 10px 0;
}

.content .content_subject{
    width: 25%;/*设置每块内容占据 1/4*/
    margin: 10px 0;
    display: flex;
    flex-direction: column;     /*设置垂直轴为主轴*/
    justify-content: center;   /*在主轴方向上设置居中*/
    align-items: center;          /*在交叉轴方向上设置居中*/
}
```

14.1.4　<title>部分的实现

<title>部分的布局，是一个典型的文字两队对齐的布局。这里不再做过多的赘述，HTML 代码如下：

扫一扫，获取讲解视频

```
<div class="title">
        <span>热门课程</span>
        <span>查看全部</span>
</div>
```

CSS 关键代码如下：

```
.title{
    display: flex;
    justify-content: space-between;    /*文字两端对齐*/
    align-items: center; /*交叉轴上居中*/
    color: #fff;
    padding: 10px;
    background: #1676fe;
}

.title span:nth-of-type(1){
    font-weight: 800;
}
```

14.1.5 <items>部分的实现

这部分，我们可以利用相对和绝对定位来实现，也可以利用弹性布局来实现。以下代码采用的是弹性布局的思路。我们把内容主要分为两部分，套在 2 个盒子中（item-left 和 item- right）。

利用弹性布局，将这两个盒子设置在主轴上排列。

HTML 关键代码如下：

扫一扫，获取讲
解视频

```
<div class="items">
    <div class="item">
        <div class="item-left">
            <div class="item-left-img"><img src="images/item-1.jpg"></div>
            <div class="item-left-center">
                <p>交互式 ppt</p>
                <p>讲师：大魔王 LEON</p>
                <p>￥181<del>￥199</del></p>
                <p><i class="fa fa-clock-o"></i><span>优惠时间：4 月 18 日 18 点开始
</span></p>
            </div>
        </div>
        <div class="item-right">
            <span>3</span>
            <em>折起</em>
        </div>
    </div>
    ……
</div>
```

CSS 关键代码如下：

```
.items .item{
    display: flex;
    border-bottom: 1px solid #ccc;
    height: 80px;
    padding: 20px;
}

.items .item-left{
```

```
        width: 450px;
        height: 80px;
        overflow: hidden;
        display: flex;
    }

    .items .item-left-img{
        margin-right: 10px;
    }
```

14.2　案例总结

（1）头部和尾部分别固定了两个导航，我们利用 fixed 布局来相对于浏览器进行定位。

（2）我们充分利用设置弹性布局主轴的方向，来实现水平和垂直居中对齐。比如.content.content_subject 部分的代码。

（3）flex 的灵活运用。当头部和尾部利用 fixed 定位之后，在与它相邻的两块区域，需要利用 margin 撑开与这两块位置相同的高度。比如在<banner>部分，我们需要撑开 40px 的距离来保证海报能够完整显示。<item>部分同理，代码如下：

```
    .banner{
        margin-top: 44px;    /*与顶部保持距离*/
    }
    .items{
        background: #fff;
        margin-bottom:54px;    /*为了与底部保持距离*/
    }
```

14.3　案例拓展

下载素材包，完成弹性布局案例设计如图 14-2 所示。

扫一扫，获取素材包以及源代码

图 14-2　弹性布局拓展案例

第 15 章 注册账户信息页面的实现

扫一扫，获取素材包

扫一扫，获取源代码

实现页面效果如图 15-1 所示。

图 15-1 注册账户信息页面效果图

15.1 基础页面准备

如图 15-2 所示，由 7 个相同的小区域组成这个页面，我们给每个小区域取名为 item。

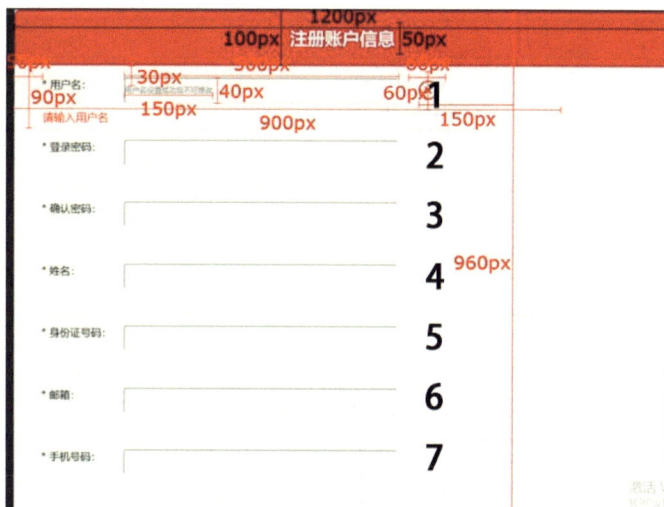

图 15-2　区域分布图

15.2　HTML 代码实现

1. HTML 部分

首先将这 7 个小区域用 7 个<div>把它们装起来，并取名为 item。我们观察这 7 个小区域，可以发现它们的结构相同，分别由一个<span>标签、<label>标签、<input>标签和<p>标签组成，由于第一个小区域比较特殊，它多了一个标题，所以用<h1>标签来写标题，一般情况下，写大标题我们都采用<h1>标签，当然还有<h2>、<h3>标签等。<span> 标签是一个行内元素，当我们在写 CSS 样式时要注意把它转化为块状元素。<label>标签是一个文本提示标签，不设置 for 属性就不会有任何触发效果。<input>标签用于搜集用户信息。根据不同的 type 属性值，输入字段有很多种形式。在这个案例中<input>的输入字段是文本字段。<p>标签是我们常用的定义段落的标签，此处的<p>标签是为了写 JavaScript 脚本做准备的。在这里要注意，我们在处理 item 时，要分析它的结构；在用<span>标签时要注意它是一个行内元素，需要把它转化为块状元素才能定义它的宽度和高度，否则是没有效果的。代码如下：

```
<div class="wrap">
    <h1>注册账户信息</h1>
    <div class="item">
        <span>*</span>
        <label>用户名：</label>
        <input id="179sername" type="text" placeholder="用户名设置成功
后不可修改">
        <span class="icon"></span>
        <p class="tip"></p>
    </div>
    <div class="item">
```

扫一扫，获取 HTML 部分的视频教程

```
        <p>
                <span>*</span>
                <label>登录密码：</label>
                <input id="userPass" type="password">
                <span class="icon"></span>
        </p>
        <p class="tip"></p>
</div>

<div class="item">
        <p>
                <span>*</span>
                <label>确认密码：</label>
                <input id="confirmPass" type="password">
        </p>
        <p class="tip"></p>

</div>

<div class="item" id="item">
        <p>
                <span>*</span>
                <label>姓名：</label>
                <input id="180sername" type="text">
        </p>
        <p class="tip"></p>

</div>
<div class="item">
        <p>
                <span>*</span>
                <label>身份证号码：</label>
                <input id="180sername" type="text">
        </p>
        <p class="tip"></p>

</div>
<div class="item">
        <p>
                <span>*</span>
                <label>邮箱：</label>
                <input id="180sername" type="text">
        </p>
        <p class="tip"></p>

</div>
<div class="item">
        <p>
                <span>*</span>
                <label>手机号码：</label>
                <input id="180sername" type="text">
        </p>
        <p class="tip"></p>
</div>
```

接下来的几个小区域和第一个小区域的 item 结构是一样的，所以当我们完成第一个小区域时，接下来的几个小区域也能很快地完成。这里就不再赘述。

2. CSS 部分

（1）<body>部分。头部具体尺寸如图 15-3 所示。

图 15-3　头部具体尺寸

首先将页面的背景颜色设置为灰色(#eee)，然后用一个<div>标签将里面的几个小区域装在一起，并将宽度设置为 1200px，高度设置为 900px。因为页面的顶部和浏览器有一定的距离，所以用 margin 值将它撑开。再观察这个注册账户信息的页面，会发现它的 4 个角落并不是直角的，而是有弧度的并且有阴影，这时候就需要用 border-radius 来实现这个圆角，用 box-shadow 来实现阴影部分。接着用边框值（border）给这个页面的左右还有下面加上 0.32 的透明度。标题部分我们定义高度为 100px，宽度为 100%，并将背景设置为#e31436，字体颜色设置为白色，同样用 border-radius 将页面设置为圆角，最后使这个标题上下左右居中显示。在这里我们要注意，左右居中要采用 text-align:center 来实现，上下居中显示要让 line-height 的值为 height 的值即可。我们利用 border-radius 来实现圆角效果，再利用 box-shadow 来实现阴影效果。代码如下：

```
body{
        background: #eee;
    }

    .wrap{
        width: 1200px;
        height: 900px;
        margin:50px auto;
        border-radius: 10px;
        box-shadow:2px 2px 10px rgba(0,0,0,0);
        background:#fff;
        border-left: .5px solid rgba(0, 0, 0, 0.32);
        border-right: .5px solid rgba(0, 0, 0, 0.32);
        border-bottom: .5px solid rgba(0, 0, 0, 0.32);
    }

    h1{
        background: #e31436;
        color: white;
        text-align: center;
        height: 100px;
        line-height: 100px;
        width: 100%;
        border-radius: 10px;
    }
```

扫一扫，获取 CSS 部分的视频教程

（2）<item>部分。<item>部分具体尺寸如图 15-4 所示。

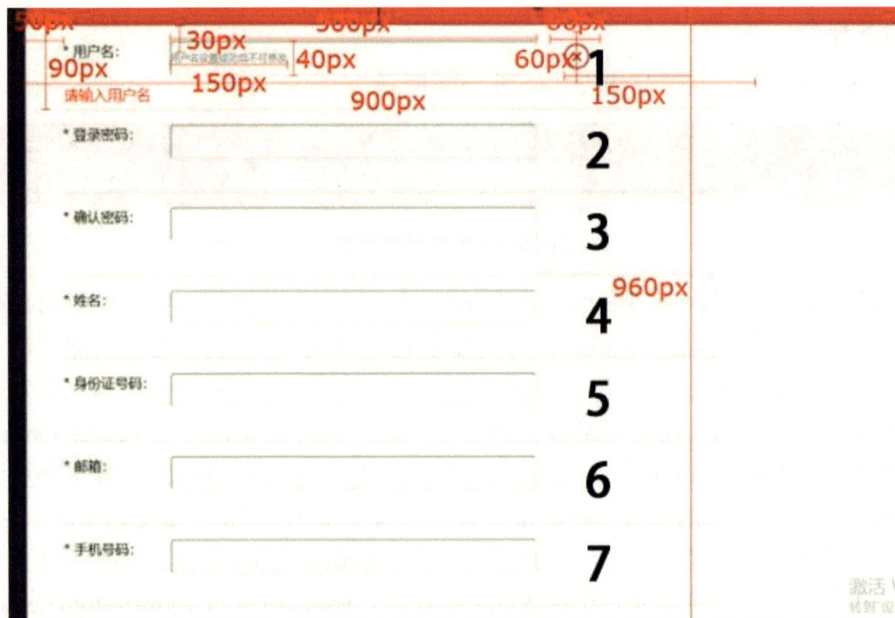

图 15-4 <item>部分具体尺寸

前面我们说到这个页面由几个小区域组成，所以将它命名为 item，并给它的宽度定义为 900px，高度定义为 90px，字体大小定义为 19px。由于左右两边有距离，所以设置 margin值来撑开，<item>设置一个相对定位，<input>设置一个绝对定位，设置<input>的宽度为 500px，高度为 40px，圆角用 border-radius 来实现，使<input>距离<item>150px。为了在输入的时候出现相关提示，所以要让<tip>距离顶部 30px。当输入正确的时候右边会出现一张正确的图片，输入错误的时候右边会出现一张错误的图片，所以要设置<icon>成高度为 60px，宽度为 60px，距离右边为 150px。代码如下：

```
.item{
            width: 900px;
            height: 90px;
            font-size: 19px;
            margin-left: 50px;
            margin-right: 20px;
            position: relative;
            border-bottom:2px solid #eee;
    }
input{
            width: 500px;
            height: 40px;
            border-radius: 5px;
            position: absolute;
            left: 150px;
    }

.tip{
            margin-top: 30px;
    }

.icon{
```

```
                float: right;
                width: 60px;
                height: 60px;
                display: block;
                margin-right: 150px;


        }
```

注意： 这里我们要用绝对定位和相对定位方式来进行定位，<span>标签是行内标签，所以一定要注意将它转化为块状标签。

15.3　JavaScript 部分

1. 用户名输入框

判断用户名输入框，主要步骤如下：

（1）焦点获得，提示"用户名 3-18 位，可以包含中英文、数字、下画线"，字体呈绿色。

（2）如果用户什么都没填，失去焦点，则提示"请输入用户名"。

（3）如果用户没有按照要求输入，则提示"用户名 3-18 位，可以包含中英文、数字、下画线"，字体呈红色。

（4）如果用户输入正确，则提示"格式正确"。

思路： 首先要判断用户名输入框中输入的内容。在判断之前，要利用 DOM 取出来。

```
var userName=document.getElementById("userName"),
            userPass=document.getElementById("userPass"),
            confirmPass=document.getElementById("confirmPass"),
            icon=document.getElementsByClassName("icon"),
            tips=document.getElementsByClassName("tip"),
            confirmPass=document.getElementById("confirmPass"),
            pattern,str;
```

接下来，用 if 语句，再利用正则表达式进行判断，关键代码如下：

```
userName.onfocus=function(){
            tips[0].innerHTML="用户名 3-18 位，可以包含中英文、数字、下画线";
            tips[0].style.color="green";
        }
        userName.onblur=function(){
            str=userName.value;
            pattern=/^[\u4e00-\u9fa5\w]{3,18}$/;
            var aa=pattern.test(str);
            if(aa){
                tips[0].innerHTML="格式正确";
                tips[0].style.color="green";
                icon[0].style.background="url(images/right1.png) no-repeat";
```

```
        }
        else if (userName.value==""){
                tips[0].innerHTML="请输入用户名";
                tips[0].style.color="red";
                icon[0].style.background="url(images/wrong1.png) no-repeat";
        }
        else{
                tips[0].style.color="red";
                icon[0].style.background="url(images/wrong1.png) no-repeat";
        }
    }
```

2. 密码输入框

密码输入框，主要步骤如下：

（1）焦点获得，提示"密码必须由 6-16 个字符组成，不能用空格，区分大小写"，字体呈绿色。

（2）失去焦点，提示"请输入密码"。

（3）没有按照要求输入，提示"密码必须由 6-16 个字符组成，不能用空格，区分大小写"，字体呈红色。

（4）输入正确，提示"格式正确"。

关键代码如下：

```
userPass.onfocus=function(){
        tips[1].innerHTML="密码必须由 6-16 个字符组成，不能用空格，区分大小写";
        tips[1].style.color="green";
        icon[1].style.background="url(images/right1.png) no-repeat";
    }
userPass.onblur=function(){
        str=userPass.value;
        pattern=/^[\S]{6,16}$/i;
        var aa=pattern.test(str);
        if(aa){
                tips[1].innerHTML="格式正确";
                tips[1].style.color="green";
                icon[1].style.background="url(images/right1.png) no-repeat";
        }
        if(userPass.value==""){
                tips[1].innerHTML="请输入密码";
                icon[1].style.background="url(images/wrong1.png) no-repeat";
        }
        else{
                tips[1].style.color="red";
                icon[1].style.background="url(images/wrong1.png) no-repeat";
        }
    }
```

3. 确认密码输入框

确认密码输入框，主要步骤如下：

（1）焦点获得，提示"请保持两次密码一致"，字体呈绿色。

（2）失去焦点，提示"请保持两次密码一致"。

（3）没有按照要求输入，提示"两次密码不一样"，字体呈红色。

（4）输入正确，提示"两次密码一致"。

关键代码如下：

```
confirmPass.onfocus=function(){
            tips[2].innerHTML="请保持两次密码一致";
            tips[2].style.color="green";
    }
        confirmPass.onblur=function(){
            if(confirmPass.value==userPass.value){
                tips[2].innerHTML="两次密码一致";
                tips[2].style.color="green";
                icon.style.display="block";
            }
            if(confirmPass.value!= userPass.value){
                tips[2].innerHTML="两次密码不一样";
                tips[2].style.color="red";
            }
            else{
                tips[2].style.color="red";
            }
        }
    }
```

15.4　案例总结

1. if 的三种用法

（1）判断一个条件，格式如下：

```
if(条件) {
    如果条件为 true 时执行的代码
} }
```

（2）当一种情况不成立，需要执行条件为 false 时的情况，格式如下：

```
if(条件) {
    条件为 true 时执行的代码块
} else {
    条件为 false 时执行的代码块
}
```

（3）使用 else if 来规定当首个条件为 false 时的新条件。形象的说法是，如果 A 不成立，则判断 B，如果 B 再不成立，则判断 C。格式如下：

```
if(条件 1) {
    条件 1 为 true 时执行的代码块
} else if(条件 2) {
```

```
        条件 1 为 false 而条件 2 为 true 时执行的代码块
    } else {
        条件 1 和条件 2 同时为 false 时执行的代码块
    }
```

2. JavaScript 中=、==和===的区别

=代表赋值，比如 var m=5。

==用于判断值是否相等，比如 userPass.value==""，表示 userPass 的值为空。

===表示严格相同，当进行双等号比较时，先检查两个操作数的数据类型，如果相同，则进行==比较；如果不同，则进行一次类型转换，转换成相同类型后再进行比较。而进行===比较时，如果类型不同，其结果直接就是 false。

15.5 案例拓展

案例拓展

请实现如图 15-5 所示的效果哦。

扫一扫，获取素
材包以及源代码

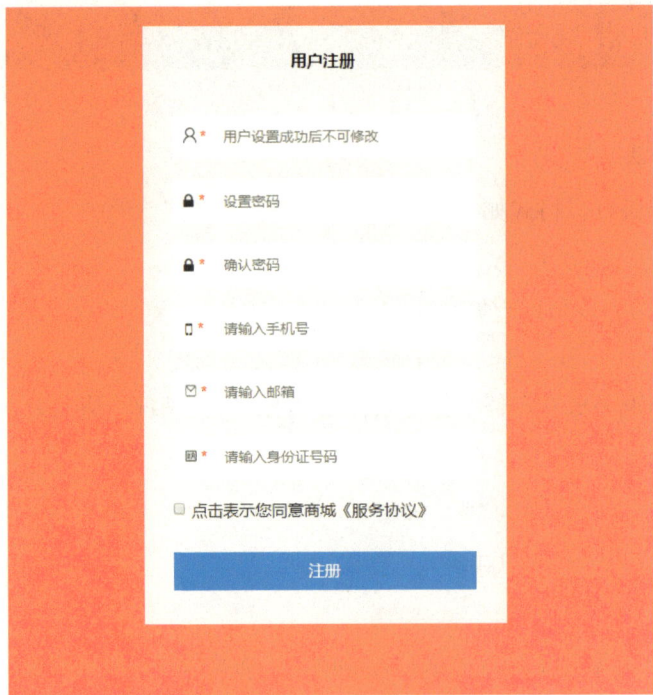

图 15-5 用户注册效果图

第 16 章　实验场实现

　　实现的页面效果如图 16-1 所示，分别为 index 页面，实验场 1、2 页面如图 16-2 和图 16-3 所示。

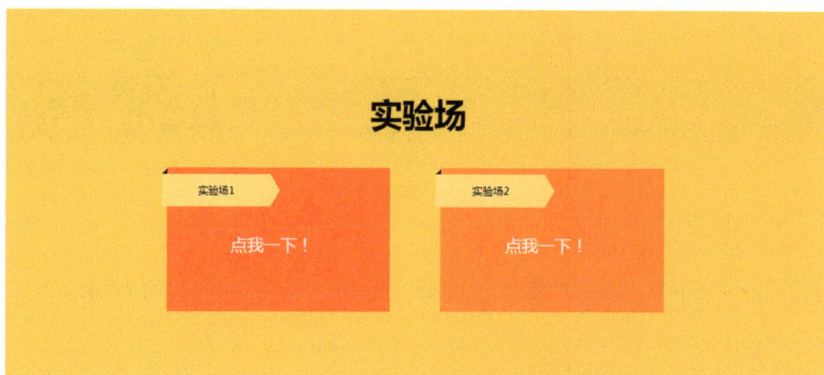

图 16-1　实验场的效果图

图 16-2　正则表达式工具的效果图

图 16-3　注册账户信息的效果图

16.1　index 页面代码实现

16.1.1　基础页面准备

创建 index.html 页面，我们把整个网页分为一块内容，如图 16-4 所示。

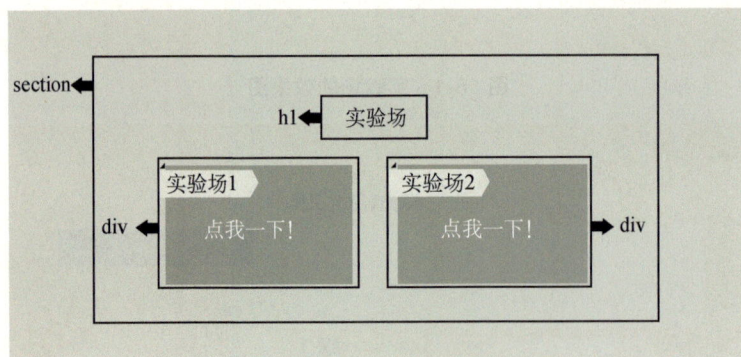

图 16-4　区域分布图

16.1.2　HTML 代码实现

1. <head>部分

<meta charset="UTF-8" />，为了不让中文出现乱码，该代码告诉浏览器用什么方式来读这页代码。

<title>Document 文档对象</title>，给网页命名标题为"Document 文档对象"。

<link rel="…" href="…">，其中，rel 属性，描述了当前页面与 href 所指定文档的关系；href 属性，指引入 CSS、JavaScript 文件。代码如下：

```
<!DOCTYPE html>
<html>
<head>
<meta charset="UTF-8">
<title>Document 文档对象</title>
<link rel="stylesheet" type="text/css" href="css/test.css">
</head>
```

2. <body>部分

在<body>部分，我们只有一块内容设置<section>。

用<h1>标签来处理大标题，在标签内设置 CSS 样式，将文本居中，设置字体大小为 50px。

创建一个<div>并命名为 mr-box，盒子里有两个<span>标签。将第一个<span>标签命名为 mr-item，设置 CSS 样式：文本居中，文字内容为"实验场 1"。将第二个<span>标签命名为 mr-info，内设<a>标签，设置 CSS 样式为：去掉下画线、字体颜色、字体大小，以及文本居中，其中单击<a>标签会跳转到实验场 1.html 页面。

设置 div 的内容同上，其中第一个<span>标签内容为"实验场 2"，单击<a>标签会跳转到实验场 2.html 页面。

```
<section>
        <h1 style="text-align:center;font-size:50px;">实验场</h1>
        <div class="mr-box">
                <span class="mr-item" style="text-align:center;">实验场 1</span>
                <span class="mr-info">
                    <!-- <button type="button" onclick="mr_alert()">试一下!</button> -->
                    <a href="实验场 1.html" style="text-decoration: none;color:white;font-size:26px;
text-align:center;">点我一下！</a>
                </span>
        </div>

        <div class="mr-box">
                <span class="mr-item" style="text-align:center;">实验场 2</span>
                <span class="mr-info">
                    <a href="实验场 2.html" style="text-decoration: none;color:white;font-size:26px;
text-align:center;">点我一下！</a>
                </span>
        </div>
    </section>
```

提示：<style> 标签用于为 HTML 文档定义样式信息，<style>元素有以下多种样式。

● 内联样式：内联样式直接用在 HTML 的标签中，一般用在 <p>、<span>、<div> 等标签中，作用范围也相同，比如<p style="font-size:1.6em;">字体大小 1.6 em</p>。

● 内部样式：直接写在 HTML 的<head>部分，用<style></style>。

● 外联样式：在 HTML 中的<head>部分用<link href="…" />标签引入外部的 CSS 样式表。

设置 JavaScript 内容，用<script src="…"></script>标签引入外部 JavaScript。

提示：JavaScript 应放在哪里？

● <head>部分中的脚本：需调用才能执行的脚本或事件触发才执行的脚本放在 HTML 的<head>部分中。当把脚本放在<head>部分中时，可以保证脚本在任何调用之前被加载，从而可使代码的功能更强大，比如对*.js 文件的提前调用。也就是说，把代码放在<head>区后，如果页面被载入，则同时载入了代码，在<body>区调用时就不需要再载入代码了，从而提高了速度，这种区别在小程序上是看不出的，当运行很大很复杂的程序时，就可以看出来了。

● <body>部分中的脚本：当页面被加载时立即执行的脚本应放在 HTML 的<body>部分。放在<body>部分的脚本通常被用来生成页面的内容，例如，

```
<script type="text/javascript" src="js/123.js"></script>
```

扫一扫，获取<index>部分
CSS 的视频教程

16.1.3　CSS 代码实现

通用样式：整个网站都能应用的样式，一般用于取消内外边距和字体大小。所有的<a>标签均取消下画线，所有的<ul>标签均去掉列表样式属性。

给<body>部分设置背景颜色。给<section>部分设置宽度，外边距左右居中，以及外边距与顶部的值。代码如下：

```
*{
    border: 0;
    margin:0;
    padding: 0;
}
body{
    background-color: #f5bc32;
}
section{
    width: 860px;
    margin:0 auto;
    margin-top: 160px;
}
```

实验场 2 具体尺寸如图 16-5 所示。

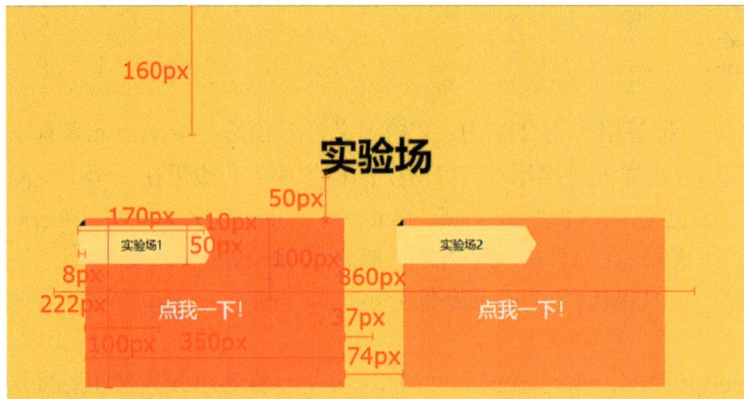

图 16-5　实验场 2 具体尺寸

对命名为 mr-box 的<div>进行设置，让块状元素显示在同一行，并设置宽、高属性值；背景颜色；相对定位；外边距、左右边的距离值。

给命名为 mr-box 的<div>的第二个子元素设置背景颜色。

对命名为 mr-item 的<span>进行设置，让块状元素显示在同一行，并设置绝对定位，与<div>对应；设置宽高、行高、背景颜色、与左边和顶部的距离值。代码如下：

```
.mr-box{
    display: inline-block;
    width: 350px;
    height: 220px;
    background: #f2782c;
    position: relative;
    margin-top: 50px;
    margin-right: 37px;
    margin-left: 37px;
}
.mr-box:nth-child(2){
    background: #f25a2f;
}
.mr-item{
    display: inline-block;
    position: absolute;
    width: 170px;
    height: 50px;
    line-height: 50px;
    background: #ffd879;
    position: absolute;
    left: -8px;
    top: 10px;
}
```

提示："display: inline-block;" 表示块状元素能够在同一行显示。

mr-item 之前加上指定的内容，再设置在标签前后插入的内容为空，然后设置绝对定位。再设置宽、高属性值；与底部和左边的边框样式；与顶部和左边的距离值。代码如下：

```
    border-width:8px;
    border-style:solid;
    border-color:transparent;
.mr-item:after,.mr-item:before{
    content: "";
    position: absolute;
}
.mr-item:before{
    height: 0;
    width: 0;
    border-bottom: 8px solid black;
    border-left: 8px solid transparent;
    top: -8px;
    left: 0;
}
```

mr-item 之后加上指定的内容，设置宽、高属性值，与顶部、底部、左边的边框样式，
与右边的距离值。

对命名为 mr-info 的<span>标签进行设置：绝对定位、与顶部的距离值、字体颜色、与
左边的距离值、字体大小。代码如下：

```
.mr-item:after {
    height: 0;
    width: 0;
    border-top: 25px solid transparent;
    border-bottom: 25px solid transparent;
    border-left: 15px solid #ffd879;
    right: -15px;
}
.mr-info {
    position: absolute;
    top: 100px;
    color: #ffffff;
    left: 100px;
    font-size: 16px;
}
```

16.1.4　JavaScript 代码实现

编写函数 mr_alert()，并给 window 用户设置提示框为"请妥善保护您的密码"。
编写函数 mr_confirm()，并给 window 用户设置确认框为"确认提交吗"。
编写函数 mr_prompts()，给 window 用户设置输入框为"请输入验证码"。
编写函数 mr_console()，向 Web 控制台输出一条消息"we"。代码如下：

```
function mr_alert(){
    window.alert("请妥善保护您的密码");
}
function mr_confirm(){
    window.confirm("确认提交吗");
}
function mr_prompts(){
    window.prompt("请输入验证码");
}
function mr_console(){
    console.log("we");
}
```

提示：（1）利用 function 构造函数创建一个新的 function 对象。在 JavaScript 中，每
个函数实际上都是一个 function 对象。
（2）alert()方法用于显示带有一条指定消息和一个确认按钮的警告框。
（3）confirm()方法用于显示一个带有指定消息和 OK 及取消按钮的对话框。
（4）prompt()方法用于显示可提示用户进行输入的对话框。
（5）console.log()向 Web 控制台输出一条消息。

16.2　实验场 1 代码实现

16.2.1　基础页面准备

创建 index.html 页面，我们把整个网页主要分为两块内容，如图 16-6 所示。

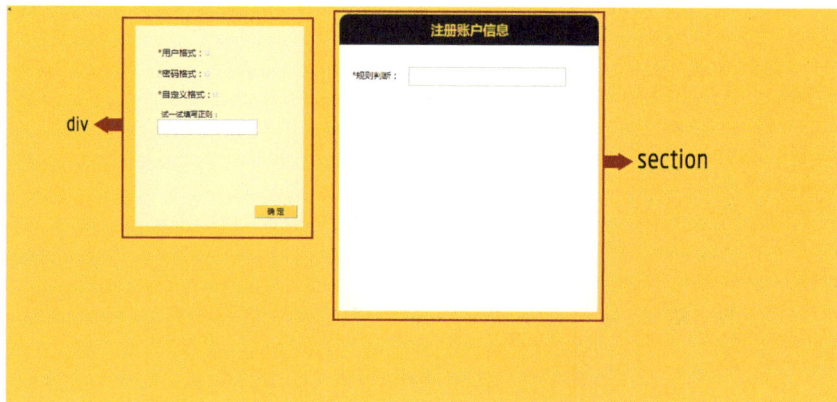

扫一扫，获取实
验场 1 源代码

图 16-6　index.html 页面区域分布图

16.2.2　HTML 代码实现

1. \<head\>**部分**

\<meta charset="UTF-8" /\>，为了不让中文显示乱码，该代码告诉浏览器用什么方式来读这页代码。

\<title\>注册页面\</title\>，给网页命名标题为"注册页面"。

用\<style type="text/css"\>\</style\>标签，在\<head\>部分直接写 CSS 样式。

```
<head>
    <title>注册页面</title>
    <meta charset="UTF-8">
    <style type="text/css">
    </style>
</head>
```

2. \<body\>**部分**

在\<body\>部分，我们分为两块内容，用命名为 main 的\<div\>来存放两块内容。

在 main 盒子里创建一个盒子\<div\>并命名为 editFix，其内包含两块内容\<div\>和\<button\>。

命名为 text 的\<div\>内包含 4 个盒子。每个\<div\>内包含\<span\>和\<input\>，在\<span\>中编辑文字，给\<input\>设置 type 属性及命名。第二个\<div\>和第三个\<div\>设置 CSS 样式、与顶部外边距的值。

给\<button\>标签命名，在元素内部编辑文字。

提示：（1）type 属性用于规定 input 元素的类型。

button：用于定义可单击的按钮（多数情况下，用于通过 JavaScript 启动脚本）。

checkbox：用于定义复选框。

radio：用于定义单选按钮。

submit：用于定义提交按钮。提交按钮会把表单数据发送到服务器。

text：用于定义单行的输入字段，用户可在其中输入文本。默认宽度为 20 个字符。

password：用于定义密码字段。该字段中的字符被掩码。

（2）<button>标签定义一个按钮。在<button>元素内部，可以放置内容，比如文本或图片。

代码如下：

```
    <!-- 正则判断部分 -->
      <div class="editFix">
         <div class="text">
            <div><span>*用户格式：</span><input type="checkbox" class="editint"></div>
            <div style="margin-top:20px"><span >* 密码格式： </span><input type="checkbox" class="editint"></div>
            <div style="margin-top:20px"><span >*自定义格式： </span><input type="checkbox" class="editint"></div>
            <!-- /*<div style="margin-top:20px;display:none" class="zdy"><span >* 自 定 义 文 本 ：</span><input type="text" class="editint"></div>*/ -->
            <div class="zdy">
               <span>试一试填写正则：</span>
               <input type="text" class="editint"></div>
            </div>
            <button class="save">确  定</button>
      </div>
```

将<section>命名为 wrap，在<h1>内编辑文字。

在<div>内有 3 个<span>标签和一个<input>标签。每个<span>标签都要命名，在第一个<span>内编辑文字，第二个<span>用来显示提示消息，第三个<span>用来放置图片，为后来的 JavaScript 做铺垫。给<input>设置 type 属性，以及 id 名。

```
    <!-- 注册框部分 -->
      <section class="wrap">
         <h1>注册账户信息</h1>
         <div>
            <span class="item">*规则判断：</span>
            <input type="text" id="userName">
            <span class="tip"></span>
            <span class="icon"></span>
         </div>
         <span class="border"></span>
```

16.2.3　CSS 代码实现

在<head>中，用<style type="text/css"></style>标签来编辑 CSS 样式，为<body>设置背景颜色，为 main 设置宽度，以及外边距和左右居中。代码如下：

```
<style type="text/css">
        *{
                margin: 0;
                padding: 0;
                margin: 0;
        }
        body{
                background: #fbc316;
        }
        .main{
                width: 1200px;
                margin:0 auto;
        }
```

对命名为 editFix 的<div>进行设置：绝对定位、宽和高、与顶部和左边的距离、背景颜色，以及字体大小。

对命名为 save 的<button>进行设置：宽和高、绝对定位、与顶部距离、与 editFix 对应、与右边的距离、字体大小、背景颜色。代码如下：

```
.editFix{
                position: fixed;
                width: 393px;
                height: 455px;
                top: 50px;
                left: 300px;
                background: #fff0cb;
                font-size: 20px;
        }
.save{
                width: 100px;
                height: 30px;
                position: absolute;
                bottom: 20px;
                right: 15px;
                font-size: 18x;
                background: #fbc316;
        }
```

提示： position 属性设置，包括 absolute、fixed 和 relative。

● absolute：生成绝对定位的元素，相对于 static 定位以外的第一个父元素进行定位。元素的位置通过 left、top、right 及 bottom 属性进行规定。

● fixed：生成绝对定位的元素，相对于浏览器窗口进行定位。元素的位置通过 left、top、right 及 bottom 属性进行规定。

● relative：生成相对定位的元素，相对于其正常位置进行定位。因此，"left:20" 会向元素的左边位置添加 20 像素。

对命名为 zdy 的<div>进行设置：与顶部和左边的外边距值，隐藏元素，相对定位。

对 zdy 内的<span>标签进行设置：字体大小、绝对定位、与 dzy 对应、与左边的距离值。

给 zdy 内的<input>标签进行设置：宽和高、与顶部的外边距值。代码如下：

```
.zdy{
```

```
                    margin-top:20px;
                    display:none;
                    margin-left:7px;
                    position: relative;
            }
            .zdy span{
                    font-size:15px;
                    position: absolute;
                    left: 8px;
            }
            .zdy .editint{
                    width:230px;
                    height:30px;
                    margin-top: 25px;
            }
```

对命名为 wrap 的<section>进行设置：定义宽和高、设置背景颜色、为顶部边框左右两边设置圆角弧度、向右浮动、设置外边距右边的值、相对定位，以及给属性相框添加阴影。

为<h1>设置：宽和高、行高、背景颜色、给顶部边框左右两边设置圆角弧度、字体颜色，字体大小及文本居中。

为 wrap 内的<div>进行设置：与顶部的外边距值、宽和高、绝对定位（与 wrap 对应）、与左边的距离，以及相对定位。

为 wrap 内的<input>进行设置：宽和高、绝对定位（与 wrap 对应）、与左边的距离值，以及字体大小。

为 tip 设置：显示块状元素、与外边距的顶部距离值、绝对定位（与 wrap 对应）、与顶部距离值，以及字体粗细。

为 icon 设置：显示块级元素、宽和高、绝对定位（与 wrap 对应）、与左边和顶部的距离值。代码如下：

```
/*注册框*/
        .wrap{
                width: 600px;
                height: 673px;
                /*margin:0 auto;*/
                background: #fff;
                /*border: 2px solid #fff;*/
                border-top-left-radius:20px;
                border-top-right-radius:20px;
                float: right;
                margin-right: 200px;
                position: relative;
                box-shadow: 1px 1px 1px #eee;
        }
        h1{
                width: 600px;
                height: 68px;
                line-height: 68px;
                background: #232323;
                border-top-left-radius:20px;
                border-top-right-radius:20px;
```

```
                color: #f9c416;
                font-size: 30px;
                text-align: center;
            }
    .wrap div{
                margin-top: 50px;
                /*margin-left:30px;*/
                width: 600px;
                height: 100px;
                /*border-bottom: 2px solid #eee; */
                position: absolute;
                left: 30px;
                position: relative;


            }
        .wrap input{
                width: 360px;
                height:40px;
                position: absolute;
                left: 130px;
                font-size: 20px;
            }
    .tip{
                display: block;
                margin-top: 20px;
                position: absolute;
                top:50px;
                font-weight: bold;
            }
            .icon{
                display: block;
                width: 50px;
                height: 40px;
                position: absolute;
                left: 508px;
                top: 0;
            }
```

对命名为 item 的<span>标签进行设置：字体大小、相对定位、高度、行高。

为 itme_ 设置绝对定位、与左边的距离值。

给命名为 text 的<input>标签设置与顶部和左边的外边距值。代码如下：

```
    .item{
                font-size:20px;
                position: relative;
                height: 40px;
                line-height: 40px;
            }
            .itme_{
                position: absolute;
                left: 5px;
            }
            .text{
```

```
            margin-top:47px;
            margin-left: 52px;
        }
```

提示： 带下画线的是 CSS 内置样式的获取方法，比如 div_.c 表示获取<div>容器中原生的 c 类。

16.2.4　JavaScript 代码实现

用<script type="text/javascript">…</script>标签在<body>的最下面写 JavaScript 代码。用 var 定义变量，设置提示语 tipinh，以及定义模式 namepattern。

· 总结 ·

（1）JavaScript 中的 var 用于定义变量。

（2）getElementById()方法可返回对拥有指定 ID 的第一个对象的引用。

（3）如果有多个的话，像 ClassName 前的 getElement 后要加"s"。

（4）可以用 console.log()打印文字，在控制台上输出信息。代码如下：

```
<script type="text/javascript">
            var userName=document.getElementById("userName"),
                tip=document.getElementsByClassName("tip"),
                icon=document.getElementsByClassName("icon"),
                userPassword=document.getElementById("userPassword"),
                userConfirm=document.getElementById("userConfirm");
            var tipinh = '格式错误';
            var namepattern=/^[\w\u4e00-\u9fa5]{3,18}$/;
</script>
```

onfocus 事件在对象获得焦点时触发。当指定的变量获取焦点时出现提示信息文字，以及字体颜色和隐藏或显示。

onblur 事件会在对象失去焦点时触发。当指定的变量失去焦点时出现提示信息，定义变量，如果 userName 等于空值，提示信息为"请输入用户名。"，字体颜色为黑色，否则如果字符串匹配模式为 str，提示信息为"格式正确!"，字体颜色为绿色，出现背景，否则提示信息为"格式错误!"，字体颜色为红色，出现背景。

· 总结 ·

（1）写法：变量名.事件=function( ){ }。

（2）在 JavaScript 中，innerHTML 属性表示向标签中设置文本内容。

（3）在 JavaScript 中设置 CSS 样式的写法变量名："style.css 样式="";"。

（4）tip[0]方括号中的数值表示第几个信息，从 0 开始算。

（5）test() 方法用于检测一个字符串是否匹配某个模式。

（6）JavaScript 的几个简单事件：

onfocus 事件在对象获得焦点时触发。

onblur 事件在对象失去焦点时触发。

onclick 事件由元素上的鼠标单击触发。

onload 事件在页面或图片加载完成后立即触发。

onmouseover 事件在鼠标指针移动到元素上时触发。

onmouseout 事件在鼠标指针移动到元素外时触发。

onchange 事件会在域的内容改变时触发。

代码如下：

```javascript
userName.onfocus=function(){
            // tip[0].innerHTML="格式错误";
            tip[0].innerHTML=tipinh;
            tip[0].style.color="black";
            tip[0].style.display = 'none';
            // console.log(123);
        }
userName.onblur=function(){
            tip[0].style.display = 'block';
            var str=userName.value,
                // pattern=/^[\w\u4e00-\u9fa5]{3,18}$/;
                 pattern=namepattern;
                // /^\w[\u4e00-\u9fa5]{3,18}$/
            if(userName.value==""){
                tip[0].innerHTML="请输入用户名。"
                tip[0].style.color="black";
            }else if(pattern.test(str)){
                tip[0].innerHTML="格式正确!";
                tip[0].style.color="green";
                icon[0].style.background="url(images/right1.png) no-repeat";
            }else{
                tip[0].innerHTML="格式错误!";
                icon[0].style.background="url(images/wrong.png) no-repeat";
                 // tip[0].innerHTML=tipinh;
                 tip[0].style.color="red";
                 // icon[0].style.background='none';
            }
        }
```

定义变量名称，当鼠标单击时，隐藏元素。代码如下：

```javascript
var editname =document.getElementsByClassName("editint")[0];
var editpass =document.getElementsByClassName("editint")[1];
var editzdy =document.getElementsByClassName("editint")[2];
var btnsave = document.getElementsByClassName("save")[0];
editname.onclick = function(){
            document.getElementsByClassName("zdy")[0].style.display='none';
            // document.getElementsByClassName("zdy")[1].style.display='none';
            editpass.checked=false;
            editzdy.checked=false;
            tipinh='格式错误!';
            namepattern=/^[\w\u4e00-\u9fa5]{3,18}$/;
            // console.log(namepattern);
        };
```

```
editpass.onclick = function(){
                document.getElementsByClassName("zdy")[0].style.display='none';
                // document.getElementsByClassName("zdy")[1].style.display='none';
                editname.checked=false;
                editzdy.checked=false;
                tipinh='密码必须有 6-16 个字符组成,不能用空格，区分大小写。';
                namepattern=/^[\S]{6,16}$/;
        };
```

16.3   实验场 2 代码实现

16.3.1   基础页面准备

创建实验场 2.html 页面，我们把整个网页主要分为两块内容<div>和<dl>，如图 16-7 所示。

图 16-7   区域分布图

16.3.2   HTML 代码实现

1. <head>部分

<meta charset="UTF-8" />，为了不让中文出现乱码，该代码告诉浏览器用什么方式来读这页代码。

<title>正则表达式测试工具</title>，给网页命名标题为"正则表达式测试工具"。

用<style></style>标签，在<head>中直接写 CSS 样式。

扫一扫，获取实验场 2HTML 部分的教学视频

```
<!DOCTYPE html>
<html lang="zh-CN">
<head>
<meta charset="UTF-8" />
<title>正则表达式测试工具</title>
</head>
```

2. \<body\>部分

先建立一个大盒子\<div\>并命名为 wrap cf，包含主要内容，用\<h1\>标签来设置大标题，用命名为 regexp 的\<div\>来存放左边的内容，用\<dl\>来存放右边的内容。

```
<body>
    <div class="wrap cf">
          <h1 class="title">正则表达式测试工具</h1>
          <div id="regexp">
</div>
</body>
```

用\<textarea\> 标签来定义多行的文本输入，命名为 textbox，id 为 userText，加上 placeholder 属性来做简短的提示信息。

用\<p\>标签当盒子，在内部输入文字"正则表达式："，其中有 4 个\<input\>标签和一个 \<button\>标签。给第一个\<input\>标签添加 type 属性、id、class（即命名），以及 placeholder 属性。其他 3 个\<input\>标签分别添加 type 属性、name，以及 value 属性。\<button\>标签添加 id 和 class。

"匹配结果："下放一个\<div\>，命名为 matchingResult，添加 id 属性，用在后面的 JavaScript 内。

用\<p\>标签当盒子，在内部输入文字"替换文本："，其中有一个\<input\>标签和一个 \<button\>标签。给\<input\>标签命名为 textfield，添加 type、id 和 placeholder 属性。将\<button\> 标签命名为 btn，添加 id 属性。

"替换结果："下放一个\<div\>，命名为 replaceResult，添加 id 属性，用在后面的 JavaScript 内。

代码如下：

```
<div id="regexp">
          <textarea id="userText" class="textbox" placeholder="在此输入待匹配的文本
"></textarea>
          <p>
                 正则表达式：<input type="text" id="userRegExp" class="textfield" placeholder="在
此输入正则表达式" />
                 <input type="checkbox" name="userModifier" value="i" />忽略大小写
                 <input type="checkbox" name="userModifier" value="g" />全局匹配
                 <input type="checkbox" name="userModifier" value="m" />多行匹配
                 <button class="btn" id="matchingBtn">测试匹配</button>
          </p>
          匹配结果：
          <div id="matchingResult" class="textbox readonly"></div>
          <p>
```

```
                替换文本：<input type="text" id="userReplaceText" class="textfield" placeholder="
在此输入替换文本" />
                <button class="btn" id="replaceBtn">替换</button>
            </p>
            替换结果：
            <div id="replaceResult" class="textbox readonly"></div>
        </div>
```

提示：

（1）<textarea> 标签用于定义多行的文本输入控件。

（2）placeholder 属性用于规定可描述输入字段预期值的简短的提示信息，该提示会在用户输入值之前显示在输入字段中。

（3）value 属性为 input 元素设定值。其中，g 表示全局（global）模式，即模式将被应用于所有字符串，而非在发现第一个匹配项时立即停止；i 表示不区分大小写（case-insensitive）模式，即在确定匹配项时忽略模式与字符串的大小写；m 表示多行（multiline）模式，即在到达一行文本末尾时还会继续查找下一行中是否存在与模式匹配的项。

（4）type 属性用于规定 input 元素的类型。

● button：用于定义可单击按钮（多数情况下，用于通过 JavaScript 启动脚本）。

● checkbox：用于定义复选框。

● radio：用于定义单选按钮。

● submit：用于定义提交按钮。提交按钮会把表单数据发送到服务器。

● text：用于定义单行的输入字段，用户可在其中输入文本。默认宽度为 20 个字符。

● password：用于定义密码字段。该字段中的字符被掩码。

（5）<button>标签用于定义一个按钮。在<button>元素内部，可以放置内容，比如文本或图片。

用定义列表类型标签来定义右边的一块内容，先在<dt>内输入小标题，再添加 14 个<dd>标签，分别在<dd>标签内添加<a>标签，鼠标单击文字时链接为空，在<a>标签内添加 title 属性。

代码如下：

```
<dl id="reglist">
            <dt>常用正则表达式</dt>
            <dd><a href="#" title="[\u4e00-\u9fa5]">匹配中文字符</a></dd>
            <dd><a href="#" title="[1-9]\d{4,}">匹配 QQ</a></dd>
            <dd><a href="#" title="^[0-9]{6}$">匹配邮编</a></dd>
            <dd><a href="#" title="[\u4e00-\u9fa5]{2,}">匹配姓名</a></dd>
            <dd><a href="#" title="^[\w\_]{6,20}$/u">匹配用户名</a></dd>
            <dd><a href="#" title="^1[3-9][0-9]\d{8}$">匹配手机号</a></dd>
            <dd><a href="#" title="^(([^0][0-9]+|0)$)|^(([1-9]+)$)">匹配整数</a></dd>
            <dd><a href="#" title="^[\w_-]{6,16}$">匹配密码</a></dd>
            <dd><a href="#" title="(^\d{15}$)|(^\d{18}$)|(^\d{17}(\d|X|x)$)">匹配身份证号码</a></dd>
            <dd><a href="#" title="\w@\w*\.\w">匹配邮箱地址</a></dd>
            <dd><a href="#" title="^(?=^.{3,255}$)(http(s)?:\/\/)?(www\.)?[a-zA-Z0-9][-a-zA-Z0-9]{0,62}(\.[a-zA-Z0-9][-a-zA-Z0-9]{0,62})+(:\d+)*(\/\w+\.\w+)*$">匹配网址</a></dd>
```

```
<dd><a href="#" title="^(-[1-9][0-9]*)$">匹配负整数</a></dd>
<dd><a href="#" title="^[+]{0,1}(\d+)$">匹配正整数</a></dd>
<dd><a href="#" title="\d{1,5}">匹配五位数</a></dd>

    </dl>
```

提示：

（1）<dl> 标签用于定义列表类型标签。HTML 中<dl>、<dt>、<dd>是组合标签，使用了<dt>、<dd>，则最外层就必须使用<dl>包裹。

（2）<a href="#">…</a>中的"#"表示内容为空。

（3）title 属性用于规定关于元素的额外信息。这些信息通常会在光标移到元素上时显示一段工具提示文本。title 属性常与<form>和<a>元素一同使用，以提供关于输入格式和链接目标的信息。

在大盒子 wrap cf 外添加一个<p>标签，在标签内添加 style 属性为文本居中，其中标签内添加<strong>标签来强调文字，添加 style 属性修改文字颜色。代码如下：

```
    <p style="text-align: center;">本程序由<strong style="color: blue;">Vincy</strong>制作，欢迎大家使用！

    </p>
```

提示：<strong> 标签和 <em> 标签一样，用于强调文本，但它强调的程度更强一些。

16.3.3　CSS 代码实现

正则表达式测试具体尺寸如图 16-8 所示。

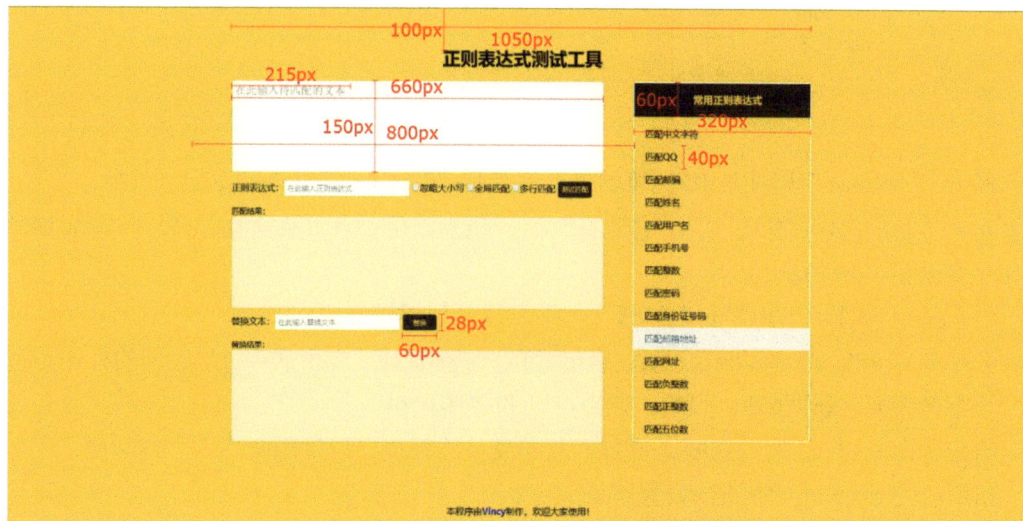

图 16-8　正则表达式测试工具尺寸

在<head>中，用<style></style>标签来编辑 CSS 样式。

给\<body\>设置背景颜色。为所有的\<p\>标签设置字体
大小、内边距的顶部和底部的距离。代码如下：

扫一扫，获取实验场 2CSS 部分的
教学视频

```
<style>
    body{
    background: #f6bd16;
    }
    *{
        padding: 0;
        margin: 0;
        border: 0;
    }
    p{
        font-size: 16px;
        padding-top: 10px;
        padding-bottom: 15px;
    }
```

给命名为 wrap cf 的\<div\>设置 CSS 样式，给 cf 设置或检索对象的缩放比例，同样地在
cf 后加上指定的内容，设置显示块状元素，清除所有浮动，标签后插入内容为空。为 wrap
设置宽度，以及外边距值。代码如下：

```
.cf {
    zoom: 1;
}
.cf:after {
    display: block;
    clear: both;
    content: "";
}
```

提示："zoom:1"属性是 IE 浏览器的专有属性，Firefox 等其他浏览器不支持。它可以
设置对象的缩放比例。除此之外，它还有其他一些小作用，比如触发 IE 的 hasLayout 属性、
清除浮动和 margin 的重叠等。

（1）clear 属性用于规定元素的哪一侧不允许其他浮动元素。

给命名为 titile 的\<h1\>标签设置：字体颜色、字体大小、文本居中、与底部的外边距值。

给命名为 regexp 的\<div\>设置：向左浮动和字体大小。

给命名为 textbox 的\<textarea\>设置：宽和高、边框值、边框圆角弧度、内边距。

给命名为 readonly 的\<div\>设置背景颜色。

给命名为 textfield 的\<input\>设置：宽度、内边距、边框值。

代码如下：

```
.title {
    color: #000102;
    font-size: 32px;
    text-align: center;
```

```
                margin-bottom: 20px;
        }

        #regexp {
                float: left;
                width: 800x;
                font-size: 14px;
        }
        #regexp .textbox {
                width: 660px;
                height: 150px;
                border: 1px solid #ccc;
                border-radius: 5px;
                padding: 5px;
                resize: none;
                font-size: 20px;
        }
        #regexp .readonly {
                background-color: #ffeac5;
        }
        #regexp .textfield {
                width: 215px;
                padding: 5px;
                border: 1px solid #ccc;

        }
```

提示：给 class 写 CSS 样式，需要在名称前加上" ."，给 id 写 CSS 样式，需要在名称前面加上"#"。

具体尺寸 1 如图 16-9 所示。

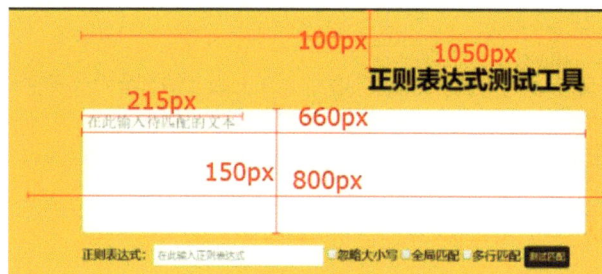

图 16-9　具体尺寸 1

（2）border-radius 属性用来设置边框圆角弧度。

具体尺寸 2 如图 16-10 所示。

给命名为 reglist 的<dl>设置：向右浮动、宽度、边框圆角弧度、边框值。

对<dt>进行设置：与底部的外边距、文本块中首行文本的缩进、字体颜色、高度、行高、文本居中、字体大小、字体粗细，以及背景颜色。

对<dd>进行设置：高度、行高，以及文本块中首行文本的缩进。

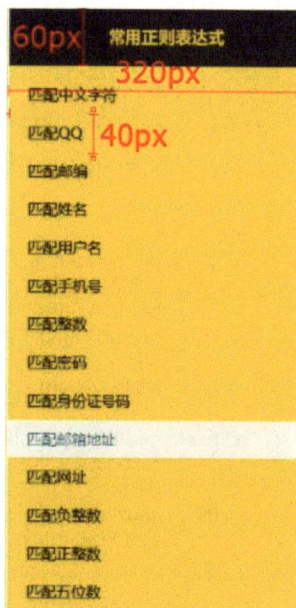

图 16-10　具体尺寸 2

对<a>标签进行设置：显示块状元素、取消下画线、字体颜色。

当鼠标指针浮动在上面的元素时，<a>标签改变字体颜色和背景颜色。代码如下：

```
#reglist {
        float: right;
        width: 320px;
        border-radius: 5px;
        border: 2px solid #fff;
}
#reglist dt {
        margin-bottom: 10px;
        text-indent: 20px;
        color: #f3be16;
        height: 60px;
        line-height: 60px;
        text-align: center;
        font-size: 18px;
        font-weight: bold;
        background: #232323;
}
#reglist dd {
        height: 40px;
        line-height: 40px;
        text-indent: 20px;
}
#reglist a {
        display: block;
        text-decoration: none;
        color: #000;
}
#reglist a:hover {
        color: #005580;
        background-color: #eee;
}
```

提示： text-indent 属性用于规定文本块中首行文本的缩进。:hover 选择器用于选择鼠标指针浮动在上面的元素。

对 btn 进行设置：背景颜色、字体颜色、边框圆角弧度、宽和高、字体大小。
在 textbox 下修改 placeholder 的文字大小。代码如下：

```
.btn{
        background:#232323;
        color:#f5bd16;
        border-radius:10%;
        height: 28px;
        width: 60px;
        font-size: 10px;
}
.textbox::-webkit-input-placeholder{
        font-size: 20px;
}
.textbox::-moz-input-placeholder{
        font-size: 20px;
}
```

提示： 有时需要修改 placeholder 的文字颜色，需要将 "input::-webkit-input-placeholder，input::-moz-input-placeholder" 选中，然后进行样式设置。

16.3.4　JavaScript 代码实现

使用 <script type="text/javascript"></script> 标签在 <body>的最下面写 JavaScript 代码。

用 var 定义变量。先定义变量 i，给变量名称为 userModifier 设置函数，当鼠标单击时，modifier 为空，其中定义变量 j，当选中时，累加并赋值。

代码如下：

```
<script>
    var userText = document.getElementById('userText'),
        userRegExp = document.getElementById('userRegExp'),
        userModifier = document.getElementsByName('userModifier'),
        matchingBtn = document.getElementById('matchingBtn'),
        matchingResult = document.getElementById('matchingResult'),
        userReplaceText = document.getElementById('userReplaceText'),
        replaceBtn = document.getElementById('replaceBtn'),
        replaceResult = document.getElementById('replaceResult'),
        reglists = document.getElementById('reglist').getElementsByTagName('a');
    var pattern,
        modifier = '';

    for (var i = 0; i < userModifier.length; i++) {
        userModifier[i].onclick = function () {
            modifier = '';
            for (var j = 0; j < userModifier.length; j++) {
                if (userModifier[j].checked) {
                    modifier += userModifier[j].value;
                }
            }
        }
    }
```

提示：

（1）for 循环是在您希望创建循环时经常使用的工具。for 循环的语法如下：

```
for (语句 1; 语句 2; 语句 3) {
    要执行的代码块
}
```

（2）JavaScript 中的 checked 是<input type="checkbox"> 和<input type="radio">的一种属性，表示该项是不是被选择了。

（3）JavaScript 中的 var 用于定义变量。

（4）getElementById() 方法可返回对拥有指定 ID 的第一个对象的引用。

（5）如果有多个的话，像 ClassName 前的 getElement 后要加"s"。

（6）可以用 console.log()打印文字，在控制台上输出信息。

给变量名称为 matchingBtn 设置函数，当鼠标单击时，如果 userText 值不是真的，弹出警告框，调用对象的 focus 方法并返回。如果 userText 值是真的，弹出警告框，调用对象的 focus 方法并返回。构造函数，进行三元运算。

代码如下:

```
matchingBtn.onclick = function () {
    if (!userText.value) {
        alert('请输入待匹配的文本！');
        userText.focus();
        return;
    }
    if (!userRegExp.value) {
        alert('请输入正则表达式！');
        userRegExp.focus();
        return;
    }
    pattern = new RegExp('(' + userRegExp.value + ')', modifier);
    matchingResult.innerHTML=pattern.exec(userText.value)?userText.value.replace(pattern,
'<span style="background-color: yellow;">$1</span>') : '(没有匹配)';
}
```

提示：

（1）focus() 方法用于为 checkbox 赋予焦点。

（2）构造函数中要传两个参数，第一个参数就是我们取到的值，第二个参数是要匹配的符号，如 i，m，g 等。

（3）三元运算符是软件编程中的一个固定格式，语法为"条件表达式？表达式 1：表达式 2"。使用这个算法可以调用数据时进行逐级筛选。在"(条件表达式)？表达式 1：表达式 2"中，()中进行的是二元运算，"?"运算形成三元运算符。

为变量 replaceBtn 设置函数，要求实现当鼠标单击时，如果 userText 值是真的，弹出警告框，调用对象的 focus()方法并返回；如果 userRegExp 值不是真的，弹出警告框，调用对象的 focus()方法；如果 userReplaceText 值不是真的，弹出警告框，调用对象的 focus()方法。

构造函数，再进行三元运算。用 for 语句，先定义变量值，当鼠标单击时，弹出当前按钮 userRegExp 的值。

```
replaceBtn.onclick = function () {
    if (!userText.value) {
        alert('请输入待匹配的文本！');
        userText.focus();
        return;
    }
    if (!userRegExp.value) {
        alert('请输入正则表达式！');
        userRegExp.focus();
        return;
    }
    if (!userReplaceText.value) {
        alert('请输入要替换成的文本！');
        userReplaceText.focus();
        return;
    }
    pattern = new RegExp('(' + userRegExp.value + ')', modifier);
    replaceResult.innerHTML = userText.value.replace(pattern, '<span style="color: red;">' +
userReplaceText.value + '</span>');
}

for (var i = 0; i < reglists.length; i++) {
```

```
        reglists[i].onclick = function () {
            userRegExp.value = this.title;
        };
    }
```

提示：

（1）构造函数的写法为变量名.事件=function( ){ }。

（2）在 JavaScript 中，innerHTML 属性用在标签中设置文本内容。

（3）在 JavaScript 中设置 CSS 样式的写法为"变量名.style.css 样式=…;"。

（4）test() 方法用于检测一个字符串是否匹配某个模式。

（5）JavaScript 的几个简单事件：

● onfocus 事件在对象获得焦点时触发。

● onblur 事件在对象失去焦点时触发。

● onclick 事件由元素上的鼠标单击触发。

● onload 事件在页面或图像加载完成后立即触发。

● onmouseover 事件在鼠标指针移动到元素上时触发。

● onmouseout 事件在鼠标指针移动到元素外时触发。

● onchange 事件在域的内容改变时触发。

（6）alert()方法用于显示带有一条指定消息和一个 OK 按钮的警告框。

（7）confirm()：用于显示一个带有指定消息和OK 及取消按钮的对话框，一般作为判断条件。

（8）prompt(？，？)：用于弹出提示用户进行输入的对话框。

（9）this.title 中的 this 是指当前的对象，这里为按钮，this.title 用于获取当前对象下的数组。

16.4   案例总结

这里总结一下完成设计过程中的经验，有些内容已在前面讲述过，这里也一并列出，以加深印象。

（1）<style> 标签用于为 HTML 文档定义样式信息，<style>元素有多种样式。

● 内联样式：内联样式直接用在 HTML 的标签中，一般用在<p>、<span>、<div> 等标签中，作用范围也相同，比如<p style="font-size:1.6em;">字体大小 1.6 em</p>。

● 内部样式：直接写在 HTML 的<head>部分。

● 外联样式：在 HTML 的<head>部分用<link href="…" />标签引入外部的 CSS 样式表。

（2）alert()方法用于显示带有一条指定消息和一个确认按钮的警告框。

（3）confirm()方法用于显示一个带有指定消息和 OK 及取消按钮的对话框。

（4）prompt()方法用于显示可提示用户进行输入的对话框。

（5）console.log()向 Web 控制台输出一条消息。

（6）placeholder 属性用于规定可描述输入字段预期值的简短的提示信息，该提示会在用户输入值之前显示在输入字段中。

（7）<dl> 标签用于定义列表类型标签。HTML 中<dl>、<dt>、<dd>是一组合标签，使用了<dt>、<dd>的最外层就必须使用<dl>包裹。

（8）type 属性规定 input 元素的类型。

● button：用于定义可单击的按钮（多数情况下，用于通过 JavaScript 启动脚本）。

● checkbox：用于定义复选框。

● radio：用于定义单选按钮。

● submit：用于定义提交按钮。提交按钮会把表单数据发送到服务器。

● text：用于定义单行的输入字段，用户可在其中输入文本。默认宽度为 20 个字符。

● password：用于定义密码字段。该字段中的字符被掩码。

（9）累加并赋值语句，如 i+=1 等同于 i=i+1。

（10）focus() 方法用于为 checkbox 赋予焦点。

（11）构造函数中要传两个参数，第一个参数就是我们取到的值，第二个参数是要匹配的符号，像 i，m，g 等。

三元运算符是软件编程中的一个固定格式，语法是"条件表达式？表达式 1：表达式 2"。使用这个算法可以使调用数据时逐级筛选。

16.5 案例拓展

案例拓展

请实现如图 16-11 所示的效果。要求单击什么颜色，页面就显示对应的颜色。

扫一扫，获取素材包、源代码以及教学视频

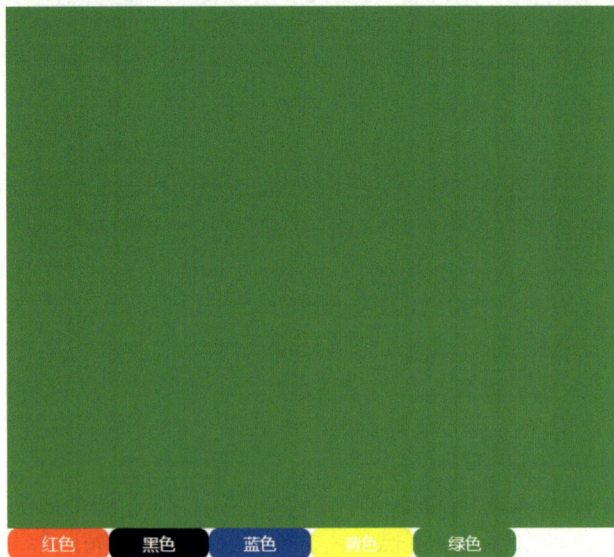

图 16-11　鼠标单击什么颜色换成什么颜色

第 17 章　图片轮播效果的实现

扫一扫，获取素材包以及源代码

实现页面效果如图 17-1 所示。

图 17-1　图片轮播效果图

17.1　基础页面的实现准备

图片轮播尺寸如图 17-2 所示。

图 17-2　图片轮播尺寸图

（1）自动切换图片。当光标经过，轮播停止。光标离开，轮播继续。

（2）当单击图中箭头时，能切换上下张图片。

（3）单击小圆点，可以切换到相应的图片。图片在轮播时，小圆点也实现对应的切换。

（4）当光标浮动在图上的一级导航时，会根据一级导航延伸出对应的二级导航。

17.1.1　轮播动画的实现

这部分的 HTML 与 CSS 不再赘述，代码如下：

```html
<section class="main" id="main">
        <div class="banner">
                <a><div class="slide1 slide"></div></a>
                <a><div class="slide2 slide"></div></a>
                <a><div class="slide3 slide"></div></a>
        </div>
    </section>
```

CSS 部分代码：

```css
.main{
        width: 1202px;
        height: 460px;
        margin:50px auto;
        position: relative;
}

.banner{
        width: 1202px;
        height: 460px;
        position: relative;
}

.slide{
        width: 1202px;
        height: 460px;
        background-repeat:no-repeat;
        position: absolute;
        display: none;
}
.slide1{
        background: url(../images/bg1.jpg);
        display: block;

}

.slide2{
        background: url(../images/bg2.jpg);
        }

.slide3{
        background: url(../images/bg3.jpg);
    }
```

扫一扫，获取部分
HTML、CSS
讲解视频

实现效果如图 17-3 所示。

图 17-3　实现效果图

我们要实现图片的轮播，需要利用 DOM 中的 setInterval() 方法，实现每隔 1s 播放一张图片。其中，需要定义一个变量 index，利用 if 条件语句，把它限定到只打印小于图片数量长度的数字。在本案例中，即 index 只取 0,1,2 三个值。同时，没有轮到的图片，我们需要利用 for 循环将它们的 display 值设置为 none。代码如下：

```
// 每隔 1s 打印
timer=setInterval(function(){
index++;
if(index>=pics.length){
        index=0;
}
for(var i=0;i<pics.length;i++)
        pics[i].style.display="none";
console.log(index);
pics[index].style.display="block";
},1000);
```

当我们要实现光标离开，轮播停止的效果时，会发现它的代码与图片轮播的代码一致。为了提高代码效率，直接把代码写在光标离开方法中，然后调用方法，实现图片轮播。轮播部分的代码，我们也利用函数进行封装，以便可以反复调用。

优化后的代码如下：

```
var pics=document.getElementsByClassName("slide"), /*获取轮播图装图片的盒子*/
    bannerSlide=document.getElementById("main"),   /* 获取轮播图部分*/
    timer=null,                                    /* 定义 timer*/
    index=0;
// 图片播放
//封装在函数中
function changeImg(){
    for(var i=0;i<pics.length;i++)
        pics[i].style.display="none";
pics[index].style.display="block";
```

```
}

// 光标经过，轮播停止
bannerSlide.onmouseover=function(){
    clearInterval(timer);
}

// 光标离开轮播继续
bannerSlide.onmouseout=function(){
    // 每隔 1s 打印
    timer=setInterval(function(){
    index++;
    if(index>=pics.length){
        index=0;
    }
    changeImg();
},1000);
}

bannerSlide.onmouseout();
```

17.1.2 箭头切换的实现

HTML 代码如下：

```html
<div class="btn prev" id="prev"></div>
<div class="btn next" id="next"></div>
```

CSS 部分代码如下：

扫一扫，获取部分
HTML、CSS
讲解视频

```css
.btn{
    width: 16px;
    height: 30px;
    /*background: red;*/
    position: absolute;
    left: 1136px;
    top: 50%;
    margin-top: -15px;
    background-image: url(../images/arrow.png);
}

.prev{
    transform: rotate(-180deg);
    left: 270px;
}
```

我们要实现切换，分为 2 个步骤：第一步是获取按钮，第二步是绑定单击事件。这里要注意的是，当我们单击切换上一张的按钮时，index=0，即当前是第一张图片。切换上一张图片为第三张图片，即 index=2。这里需要用 if 来做个判断。

扫一扫，获取
讲解视频

```
// 绑定事件
// 向前切换
```

```
    prev.onclick=function(){
        index--;
        // 如果当前 index=0，即当前是第一张图片。下一张图片是第三张图片，即 index=2
        if(index<0) index=pics.length-1;
        changeImg();
    }

    // 向后切换
    next.onclick=function(){
        index++;
        // 如果当前 index=2，即当前是第 3 张图片。下一张图片是第 1 张图片，即 index=0
        if (index>=pics.length) {index=0;}
        changeImg();
    }
```

17.1.3　圆点按钮的实现

　　下面重点来讲解 JavaScript 部分的代码。首先实现在自动轮播的时候，轮播到哪一张，相应的小圆点样式就变成白色填充的实心小圆点。在 HTML 部分，默认写了第一个小圆点的类名为 active。在 CSS 部分，也单独为.active 写了样式。我们要实现的效果是轮播到哪一张图片，就为该张图片加载类名 active。因此，对 changeImg()函数进行调整如下：

```
// 图片播放
function changeImg(){
    for(var i=0;i<pics.length;i++){
        pics[i].style.display="none";
        dots[i].className="";
    }
    pics[index].style.display="block";
    dots[index].className="active";
}
```

　　接下来，要想实现单击小圆点图片就被切换的效果，需要为 3 个小圆点绑定单击事件。当前小圆点被单击，它呈现的 CSS 样式是实心的小圆点。也就是说，我们单击第 2 个圆点，index 为 1，单击第 3 个圆点，index 为 2。JavaScript 代码如下：

```
for(var j=0;j<dots.length;j++){
    dots[j].onclick=function(){
        // 获取当前 span 的索引赋值给 index。
        index=j;
        console.log(j);   //单击任何圆点，j 都为 3.
    }
}
```

　　可以发现，单击任何小圆点，j 的值都为 3。这是因为 function 会改变作用域。当 j 加到 3 之后，j<dots.length 这个条件不成立，会把 j 的最终值 3 输出。为了改变这种情况，我们给所有 span 添加 id 的属性，属性值为 j，为当前<span>的索引。因为 id 本身就是一个标准的属性值，我们直接用 dots[j].id=j 为 3 个<span>的 id 赋值。

　　这里如果为它直接创建一个属性，可以利用 dots[j].get=j 实现。

代码如下：

```
//圆点切换
for(var j=0;j<dots.length;j++){
    dots[j].id=j
    dots[j].onclick=function(){
        // 获取当前 span 的索引赋值给 index。
        index=this.id;
        changeImg();
    }
}
```

当然，这里也可以给它命名一个属性 data-order，代码如下：

```
for(var j=0;j<dots.length;j++){
    dots[j].setAttribute("data-order",j);
    dots[j].onclick=function(){
        // 获取当前 span 的索引赋值给 index。
        index=this.getAttribute("data-order");
        changeImg();
    }
}
```

17.1.4 子菜单的实现

子菜单部分为一级导航与二级导航，代码如下：

```
<div class="sub-menu hide" id="sub-menu">
    <div class="inner-box">
        <div class="sub-inner-box">
            <div class="title">手机、电话卡、电视、盒子、笔记本</div>
            <div class="sub-row">
                <span class="bold mr10">手机</span>
                <a href="">小米 9 系列</a>
                <span class="ml10 mr10"></span>
                <a href="">小米 CC 系列</a>
                <span class="ml10 mr10"></span>
                <a href="">Redmi7 系列</a>
            </div>
            <div class="sub-row">
                <span class="bold mr10">电话卡</span>
                <a href="">移动 4G+专区</a>
                <span class="ml10 mr10"></span>
                <a href="">小米移动电话卡</a>
                <span class="ml10 mr10"></span>
                <a href="">手机上门维修</a>
            </div>
            <div class="sub-row">
                <span class="bold mr10">电视</span>
                <a href="">Redmi 70 英寸系列</a>
                <span class="ml10 mr10"></span>
                <a href="">小米全面屏系列</a>
                <span class="ml10 mr10"></span>
                <a href="">小米电视 4 系列</a>
            </div>
            <div class="sub-row">
                <span class="bold mr10">盒子</span>
```

```
                    <a href="">小米 65 英寸系列</a>
                    <span class="ml10 mr10"></span>
                    <a href="">小米 55 英寸系列</a>
                    <span class="ml10 mr10"></span>
                    <a href="">小米 70 英寸系列</a>
                    <span class="ml10 mr10"></span>
                    <a href="">小米 32 英寸系列</a>
                </div>
                <div class="sub-row">
                    <span class="bold mr10">笔记本</span>
                    <a href="">小米笔记本 15.6 系列</a>
                    <span class="ml10 mr10"></span>
                    <a href="">小米笔记本 13.3 系列</a>
                    <span class="ml10 mr10"></span>
                    <a href="">小米笔记本 12.5 系列</a>
                </div>
            </div>
        </div>
    </div>
<div class="inner-box">
    <div class="sub-inner-box">
        <div class="title">平板 插线板　家电　出行　穿戴</div>
        <div class="sub-row">
         <span class="bold mr10">平板</span>
         <a href="">小米平板 4 系列</a>
         <span class="ml10 mr10"></span>
         <a href="">平板配件</a>
        </div>
        <div class="sub-row">
         <span class="bold mr10">家电：</span>
         <a href="">净水器系列</a>
         <span class="ml10 mr10"></span>
         <a href="">电饭煲系列</a>
         <span class="ml10 mr10"></span>
         <a href="">扫地机器人系列</a>
         <span class="ml10 mr10"></span>
         <a href="">电动牙刷系列</a>

        </div>
        <div class="sub-row">
         <span class="bold mr10">插线板</span>
         <a href="">插线板系列</a>

        </div>
        <div class="sub-row">
         <span class="bold mr10">出行</span>
         <a href="">平衡车系列</a>
         <span class="ml10 mr10"></span>
         <a href="">滑板车系列</a>
         <span class="ml10 mr10"></span>
         <a href="">车载空气净化器系列</a>
         <span class="ml10 mr10"></span>
         <a href="">无线车充系列</a>

        </div>
        <div class="sub-row">
         <span class="bold mr10">穿戴</span>
         <a href="">耳机系列</a>
         <span class="ml10 mr10"></span>
         <a href="">VR 系列</a>
         <span class="ml10 mr10"></span>
```

```
                                <a href="">手环手表系列</a>
                        </div>
                    </div>
                </div>
                <div class="inner-box">
                    <div class="sub-inner-box">
                        <div class="title">智能 路由器 电源 配件 健康</div>
                        <div class="sub-row">
                         <span class="bold mr10">智能</span>
                         <a href="">打印机系列</a>
                         <span class="ml10 mr10">/</span>
                         <a href="">无人机系列</a>
                         <span class="ml10 mr10">/</span>
                         <a href="">对讲机系列</a>
                        </div>
                        <div class="sub-row">
                         <span class="bold mr10">路由器</span>
                         <a href="">路由器系列</a>
                        </div>
                        <div class="sub-row">
                         <span class="bold mr10">电源</span>
                         <a href="">移动电源系列</a>
                         <span class="ml10 mr10">/</span>
                         <a href="">数据线系列</a>
                         <span class="ml10 mr10">/</span>
                         <a href="">无线充系列</a>
                        </div>
                        <div class="sub-row">
                         <span class="bold mr10">配件</span>
                         <a href="">平板配件系列</a>
                         <span class="ml10 mr10">/</span>
                         <a href="">黑鲨配件系列</a>
                         <span class="ml10 mr10">/</span>
                         <a href="">其他配件系列</a>

                        </div>
                        <div class="sub-row">
                         <span class="bold mr10">健康</span>
                         <a href="">洗手机系列</a>
                         <span class="ml10 mr10">/</span>
                         <a href="">体脂秤系列</a>
                         <span class="ml10 mr10">/</span>
                         <a href="">健身车系列</a>
                         <span class="ml10 mr10">/</span>
                         <a href="">走步机系列</a>
                         <span class="ml10 mr10">/</span>
                         <a href="">吹风机系列</a>
                        </div>
                    </div>
                </div>
                <div class="inner-box">
                    <div class="sub-inner-box">
                        <div class="title">儿童 耳机 音箱 生活 箱包</div>
                        <div class="sub-row">
                         <span class="bold mr10">儿童</span>
                         <a href="">点读机系列</a>
                         <span class="ml10 mr10">/</span>
                         <a href="">婴儿车系列</a>
                         <span class="ml10 mr10">/</span>
```

```
                        <a href="">儿童手表系列</a>
                        <span class="ml10 mr10"></span>
                        <a href="">儿童滑板车系列</a>
                    </div>
                    <div class="sub-row">
                        <span class="bold mr10">耳机</span>
                        <a href="">品牌耳机系列</a>
                        <span class="ml10 mr10"></span>
                        <a href="">线控耳机系列</a>
                        <span class="ml10 mr10"></span>
                        <a href="">蓝牙耳机系列</a>
                        <span class="ml10 mr10"></span>
                        <a href="">头戴耳机系列</a>
                    </div>
                    <div class="sub-row">
                        <span class="bold mr10">音箱</span>
                        <a href="">蓝牙音箱系列</a>
                        <span class="ml10 mr10"></span>
                        <a href="">小爱音箱系列</a>
                        <span class="ml10 mr10"></span>
                        <a href="">小爱触屏音箱系列</a>
                    </div>
                    <div class="sub-row">
                        <span class="bold mr10">生活</span>
                        <a href="">床垫系列</a>
                        <span class="ml10 mr10"></span>
                        <a href="">枕头系列</a>
                        <span class="ml10 mr10"></span>
                        <a href="">床系列</a>
                        <span class="ml10 mr10"></span>
                        <a href="">毛巾系列</a>
                        <span class="ml10 mr10"></span>
                        <a href="">浴巾系列</a>
                    </div>
                    <div class="sub-row">
                        <span class="bold mr10">箱包</span>
                        <a href="">双肩包系列</a>
                        <span class="ml10 mr10"></span>
                        <a href="">钱包系列</a>
                        <span class="ml10 mr10"></span>
                        <a href="">旅行箱系列</a>
                    </div>
                </div>
            </div>
        </div>
        <!-- 菜单 -->
        <div class="menu-content" id="menu-content">
            <div class="menu-item">
                <a href="">
                    <span>手机　电视</span>
                    <i class="icon">&#xe665;</i>
                </a>
            </div>
            <div class="menu-item">
                <a href="">
                    <span>平板　家电</span>
                    <i class="icon">&#xe665;</i>
                </a>
            </div>
            <div class="menu-item">
```

```
                    <a href="">
                         <span>智能　电源</span>
                         <i class="icon">&#xe665;</i>
                    </a>
               </div>
               <div class="menu-item">
                    <a href="">
                         <span>儿童　耳机</span>
                         <i class="icon">&#xe665;</i>
                    </a>
               </div>
          </div>
     </div>
```

JavaScript 部分如下：

```
    // 菜单
var menuItems =document.getElementById("menu-content").getElementsByTagName("div"),
    subMenu =document.getElementById("sub-menu"),
    subItems = subMenu.getElementsByClassName("inner-box"),
   menuContent = document.getElementById("menu-content");;
     for(var m=0,mlen=menuItems.length;m<mlen;m++){
          menuItems[m].setAttribute("data-index",m);
          menuItems[m].onmouseover = function(){
               subMenu.className = "sub-menu";
               var idx = this.getAttribute("data-index");
               for(var j=0,jlen=subItems.length;j<jlen;j++){
                    subItems[j].style.display = 'none';
                    menuItems[j].style.background = "none";
               }
               subItems[idx].style.display = "block";
               menuItems[idx].style.background = "rgba(0,0,0,0.1)";
          }
     }

     subMenu.onmouseover = function(){
          this.className = "sub-menu";
     }

     subMenu.onmouseout = function(){
          this.className = "sub-menu hide";
     }

     menuContent.onmouseout = function(){
          subMenu.className = "sub-menu hide";
     }
```

17.2　案例总结

（1）通过标签名（document.getElementsByClassName）和类名（document.getElements ByClassName）选取的元素是一个类数组对象，如果你要获取到特定的元素，那么就要像数组一样，下标从 0 开始算起，找到这个元素，比如：在轮播动画时，我们利用 pics[0] 来表示第一张图片。

（2）DOM 的查找方法主要有 4 种，如表 17-1 所示。

表 17-1　DOM 查找方法

方　法	语　法	说　明
通过 ID	getElementById()	返回带有指定 ID 的元素
通进标签名	getElementsByTagName()	返回带有指定标签名的所有元素，返回的是一个类数组对象
通过 name 属性	getElementsByNamef)	返回指定 name 属性值的所有子元素的集合，返回的是一个类数组对象
通过 CSS 类	getElementsByClassName()	返回指定 class 名称的元素

（3）利用 ele.getAttribute("attribute")来获取属性值。利用 ele.setAttribute("attribute",valuje) 来设置属性值。如果是标签自带的属性，我们可以直接获取，比如 ele.id 和 ele.className。

（4）我们在 JavaScript 定义了很多的变量，可以把它们进行封装。优化后的代码如下：

```
var timer = null,
    index = 0,
    pics = byId("banner").getElementsByTagName("div"),
    dots = byId("dots").getElementsByTagName("span"),
    size = pics.length,
    prev = byId("prev"),
    next = byId("next"),
    menuItems = byId("menu-content").getElementsByTagName("div"),
    subMenu = byId("sub-menu"),
    subItems = subMenu.getElementsByClassName("inner-box");
function byId(id){
    return typeof(id)==="string"?document.getElementById(id):id;
}
```

17.3　案例拓展

请实现如图 17-4 所示的效果。

图 17-4　拓展案例的实现